高职高专"十三五"规划教材

钳工技术

- 周 波　汪明具　主编
- 吉 智　主审

QIANGONG
JISHU

化学工业出版社

·北京·

内 容 提 要

《钳工技术》以工作过程为导向,融"教、学、做"于一体,按照国家职业标准相关要求,将理论知识和实训内容紧密结合,同时结合职业教育的实际情况编写而成。

本书主要内容包括:钳工基本技能、普通卧式车床拆装、离心泵拆装、管壳式换热器拆装。钳工基本技能主要介绍了钳工基础、划线、锯削、锉削、孔加工、螺纹加工、综合训练等内容。普通卧式车床拆装主要介绍了车床基本知识、车床的拆装工艺、车床主轴箱的拆装、车床进给箱的拆装、车床溜板箱的拆装、车床溜板及刀架的拆装、车床尾座的拆装、车床的总装试车等内容。离心泵拆装主要介绍离心泵基础知识、单级单吸离心泵的拆卸、单级单吸离心泵的装调等内容。管壳式换热器拆装主要介绍压力试验、综合训练等内容。

本书可作为职业院校钳工相关课程教材和钳工考证培训教材,也可供广大钳工和相关技术人员使用。

图书在版编目(CIP)数据

钳工技术/周波,汪明具主编. —北京:化学工业出版社,2020.8
高职高专"十三五"规划教材
ISBN 978-7-122-36965-9

Ⅰ.①钳… Ⅱ.①周… ②汪… Ⅲ.①钳工-高等职业教育-教材 Ⅳ.①TG9

中国版本图书馆 CIP 数据核字(2020)第 084371 号

责任编辑:高 钰 文字编辑:陈 喆
责任校对:刘 颖 装帧设计:刘丽华

出版发行:化学工业出版社(北京市东城区青年湖南街 13 号 邮政编码 100011)
印　　刷:北京京华铭诚工贸有限公司
装　　订:三河市振勇印装有限公司
787mm×1092mm 1/16 印张 14 字数 342 千字 2020 年 9 月北京第 1 版第 1 次印刷

购书咨询:010-64518888　　　　　　　　　售后服务:010-64518899
网　　址:http://www.cip.com.cn
凡购买本书,如有缺损质量问题,本社销售中心负责调换。

定　价:42.00元　　　　　　　　　　　　　　　　版权所有　违者必究

前言

钳工是机械制造中主要的工种之一，在机械生产过程中起着重要的作用。本书按照装配钳工职业技能鉴定要求，结合职业教育技能培养特点，主要介绍钳工基本技能、卧式车床、离心泵、管壳式换热器等典型设备的拆装、调试和运行方法等内容，突出技能训练，以达到全面提升学生综合素质的目的。

本书的内容已制作成用于多媒体教学的 PPT 课件，并将免费提供给采用本书作为教材的院校使用。如有需要，请发电子邮件至 cipedu@163.com 获取，或登录 www.cipedu.com.cn 免费下载。

本书的编写人员由专业教师、职业教育专家、企业专家组成。徐州工业职业技术学院周波、汪明具任主编，吉智教授任主审。南京科技职业学院冯秀教授，金华职业技术学院褚旅云老师参加了编写提纲的审定及书稿的审核，并提出了很多建设性的意见。江苏四方锅炉有限公司技术部总工张鄂婴，技术部副总经理李秋梅，技术部部长高猛，主任设计师汪明磊、王同川，技术三部科长王盟等在本书的编写过程中提供了很大帮助，并对本书内容提出了很多建设性意见。本书第一章第一～六节由汪明具编写，第一章第七节由孟宝星完成，蔡现刚、张媛媛协助完成图纸绘制、素材整理工作；第二章由周波编写，汪明具、蔡现刚、季亚提供了图片素材等材料；第三、四章由周波编写，汪明具、蔡现刚协助完成照片拍摄、素材整理工作；全书由周波统稿。

本书在编写过程中得到了孙金海教授、王敏副教授、余心明副教授、徐昆鹏副教授的大力支持和帮助，他们对本书的编写提出了诸多宝贵意见及建议，在此表示衷心感谢。

由于编者水平有限，书中不足之处恳请读者提出宝贵意见。

编 者
2020 年 4 月

目录

第一章　钳工基本技能 / 1

第一节　钳工基础 ········· 1
一、钳工主要工作内容 ········· 1
二、钳工实训安全要求 ········· 2
三、钳工主要设备 ········· 2
四、钳工常用工量具 ········· 4
训练：工量具的摆放 ········· 10

第二节　划线 ········· 11
一、划线基本知识 ········· 11
二、划线常用工具及其使用方法 ········· 11
三、划线基准 ········· 13
四、划线方法 ········· 14
训练一：平面划线 ········· 14
训练二：立体划线 ········· 15

第三节　锯削 ········· 15
一、锯削基本知识 ········· 15
二、锯削工具 ········· 16
三、锯削工艺方法 ········· 17
训练一：板料及薄板的锯削 ········· 19
训练二：管料及薄管的锯削 ········· 19
训练三：棒料的锯削 ········· 20
训练四：深缝锯削 ········· 20

第四节　锉削 ········· 21
一、锉削基本知识 ········· 21
二、锉刀的结构和种类 ········· 21
三、锉削基本操作 ········· 22
训练一：平面锉削 ········· 25
训练二：长方体锉削 ········· 25
训练三：凹凸件配合 ········· 26

第五节　孔加工 ········· 28
一、钻孔加工基本知识 ········· 28
二、钻床及钻孔辅件 ········· 29
三、钻孔基本操作 ········· 32

四、扩孔加工基本知识 … 34
　　五、锪孔加工基本知识 … 35
　　六、铰孔加工基本知识 … 36
第六节　螺纹加工 … 37
　　一、攻螺纹基本知识 … 37
　　二、套螺纹基本知识 … 40
第七节　综合训练 … 42
　　训练一：仪表锤加工 … 42
　　训练二：直角配合 … 44
　　训练三：凹凸配合 … 46
　　训练四：长方体配合 … 48
　　训练五：燕尾配合 … 50
　　训练六：四方组合 … 52
　　训练七：凹凸组合 … 54
　　训练八：六方组合 … 56

第二章　普通卧式车床拆装/58

第一节　车床基本知识 … 58
　　一、车床型号 … 58
　　二、车床运动 … 59
　　三、车床主要特征 … 59
　　四、车床加工范围 … 59
　　五、车床结构 … 60
　　六、车床传动系统 … 61
第二节　车床的拆装工艺 … 65
　　一、机械拆装规则要求 … 65
　　二、车床拆装安全文明生产条例 … 66
　　三、拆装准备 … 67
　　四、典型零件的拆装 … 73
　　五、零件清洗与更换 … 83
　　六、车床箱体拆卸 … 86
第三节　车床主轴箱的拆装 … 89
　　一、主轴箱基本组成 … 89
　　二、主轴箱的拆装 … 93
　　三、主轴组件拆装 … 95
　　四、车床主轴箱轴Ⅰ的拆装 … 97
　　五、制动器操纵机构 … 105
　　六、制动器 … 105
第四节　车床进给箱的拆装 … 106
　　一、车床进给箱基本结构 … 106

二、车床进给箱拆装步骤……………………………………………………………… 109
第五节　车床溜板箱的拆装…………………………………………………………… 109
　　一、车床溜板箱基本结构…………………………………………………………… 109
　　二、车床溜板箱拆卸调整步骤……………………………………………………… 115
第六节　车床溜板及刀架的拆装……………………………………………………… 116
　　一、溜板刀架基本结构……………………………………………………………… 116
　　二、车床溜板拆装步骤……………………………………………………………… 117
　　三、刀架基本组成…………………………………………………………………… 118
　　四、刀架拆装步骤…………………………………………………………………… 119
第七节　车床尾座的拆装……………………………………………………………… 121
　　一、尾座基本组成…………………………………………………………………… 121
　　二、车床尾座拆装步骤……………………………………………………………… 122
第八节　车床的总装试车……………………………………………………………… 124
　　一、车床主要部件装配顺序………………………………………………………… 124
　　二、车床主要部件装配及调整……………………………………………………… 125
　　三、车床零部件检验与修理………………………………………………………… 135
　　四、车床的试车和验收……………………………………………………………… 137
　　训练：车床装配检测………………………………………………………………… 139

第三章　离心泵拆装 / 142

第一节　离心泵基础知识……………………………………………………………… 142
　　一、离心泵概述……………………………………………………………………… 143
　　二、离心泵工作原理………………………………………………………………… 148
　　三、离心泵安装高度………………………………………………………………… 149
　　四、离心泵的选择…………………………………………………………………… 151
　　五、离心泵的基本结构及主要零部件……………………………………………… 153
　　六、离心泵维护检修规程…………………………………………………………… 155
第二节　单级单吸离心泵的拆卸……………………………………………………… 155
　　一、拆卸准备………………………………………………………………………… 155
　　二、离心泵的拆卸…………………………………………………………………… 157
　　三、离心泵装配……………………………………………………………………… 166
第三节　单级单吸离心泵的装调……………………………………………………… 166
　　一、离心泵整体安装………………………………………………………………… 166
　　二、联轴器找正……………………………………………………………………… 167
　　训练：联轴器的找正………………………………………………………………… 175
　　三、离心泵的试车…………………………………………………………………… 176
　　四、离心泵常见故障及处理………………………………………………………… 177
　　训练：离心泵拆装运转操作………………………………………………………… 178

第四章　管壳式换热器拆装/ 180

第一节　概述 …………………………………………………………………… 180
一、管壳式换热器的应用及分类 …………………………………………… 180
二、管壳式换热器的主要零部件 …………………………………………… 184

第二节　压力试验 ……………………………………………………………… 189
一、压力容器的耐压试验 …………………………………………………… 189
二、管壳式换热器的耐压试验 ……………………………………………… 191
训练：填料函式换热器拆装及水压试验 …………………………………… 194
一、填料函式换热器拆装 …………………………………………………… 194
二、填料函式换热器水压试验 ……………………………………………… 195
训练：拆装试压 ……………………………………………………………… 196

附录/ 198

附录一　装配钳工国家职业技能标准 ………………………………………… 198
附录二　离心泵维护检修规程（SHS 01013—2004） ……………………… 206

参考文献 / 213

第一章 钳工基本技能

 学习目标

◎ 能力目标
① 能根据工作任务合理选择并使用钳工常用设备和工、量具;
② 能够根据图纸和技术要求,独立完成中等难易程度工件的加工;
③ 会分析、处理钳工实际操作中产生的问题;
④ 具备钳工生产现场管理与协调能力。

◎ 知识目标
① 掌握钻床、台虎钳等钳工常用设备的使用方法和维护保养方法;
② 掌握钳工常用工、量具的正确使用和保养方法;
③ 掌握划线、锯削、锉削、钻孔等基本知识;
④ 掌握制作中等复杂工作的工艺方法。

第一节 钳工基础

钳工是手持工具对金属表面进行加工的一种方法,在加工过程中利用台虎钳、手锯、锉刀、钻床及各种手工工具去完成目前机械加工所不能完成的工作。钳工的工作特点是灵活、机动,不受进刀位置的限制,即使现在出现了各种先进的加工设备,但机械制造中仍然离不开钳工。其原因是:①划线、刮削、研磨和机械装配等钳工作业,至今尚无适当的机械化设备可以全部代替;②某些最精密的样板、模具、量具和配合表面(如导轨面和轴瓦等),仍需要依靠工人的手艺做精密加工;③在单件小批生产、修配工作或缺乏设备条件的情况下,采用钳工制造某些零件仍是一种经济实用的方法。

一、钳工主要工作内容

按钳工所从事的工作分为装配钳工、机修钳工、工具钳工。

1. 装配钳工

装配钳工主要从事工件加工、机器设备的装配、调整等工作。

2. 机修钳工

机修钳工主要从事机器设备的安装、调试和维修等工作。

3. 工具钳工

工具钳工主要从事工具、夹具、量具、辅具、模具、刀具的制造和修理等工作。基本操作包括划线、锯割、锉削、钻孔、扩孔、锪孔、攻螺纹与套螺纹、刮削、研磨、装配与拆卸等。

二、钳工实训安全要求

实训时,由于场地分散,环境嘈杂,严格遵守安全文明生产和实训纪律尤其重要。
① 按时上课,不得迟到、早退、旷课。请假要有批准手续。
② 按要求穿戴好防护用品;时刻注意安全,防止碰撞、刮擦等人身伤害。
③ 认真训练,不得嬉戏、打闹和离岗;按时完成课题作业。
④ 未经安排,不准私自加工非课题规定的工件,不准带走训练场地的物品(包括工件、材料等)。
⑤ 爱护设备设施,不准擅自使用不熟悉的机床设备。
⑥ 保管好工、夹、量具,使用时应放在指定位置,严禁乱堆乱放。
⑦ 保持场地清洁,自觉积极打扫卫生。
⑧ 工作中一定要严格遵守钳工各项安全操作规程。

三、钳工主要设备

钳工实习场地一般分为钳工工位区、台钻区、划线区和刀具刃磨区等区域,各区域由白线或黄线分隔而成,区域之间留有安全通道,图1-1所示为一钳工实习场地的平面图。

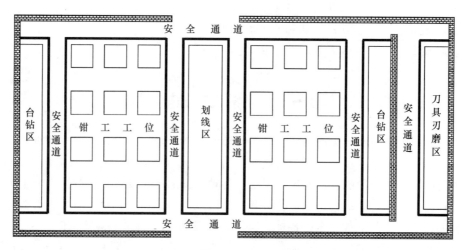

图1-1 钳工实习场地平面图

场地中的主要设备有钳工台、平口钳、台虎钳、砂轮机、划线平板和台钻等,如图1-2所示。

台钻用于钻孔;平口钳用于钻孔时夹持工件;台虎钳用于工作时夹持工件;砂轮机用于刃磨刀具;划线平板主要用于划线;钳工台是钳工操作平台,台虎钳被固定在上面。

1. 钳工台

钳工台也称钳桌或钳台,其主要作用是安装台虎钳和存放钳工常用工、夹、量具,如图1-3所示。

2. 台虎钳

台虎钳是用来夹持工件的通用夹具,其规格用钳口宽度表示。它有固定式和回转式两种,回转式比固定式多了一个底座,工作时钳身可在底座上回转。回转式台虎钳如图1-4所示。

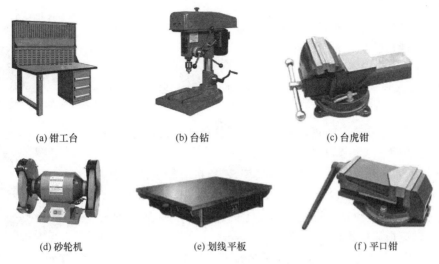

(a) 钳工台　　(b) 台钻　　(c) 台虎钳

(d) 砂轮机　　(e) 划线平板　　(f) 平口钳

图1-2　钳工实习场地中的主要设备

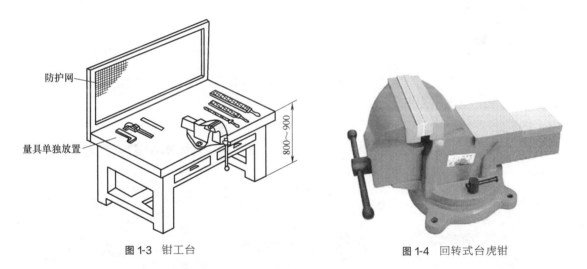

图1-3　钳工台　　　　图1-4　回转式台虎钳

使用台虎钳的注意事项：

① 夹紧工件时要松紧适当，只能用手扳紧手柄，不得借助其他工具加力。

② 强力作业时，应尽量使力朝向固定钳身。

③ 不许在活动钳身和光滑平面上敲击作业。

④ 对台虎钳内的丝杠、螺母等活动表面应经常清洗、润滑，以防生锈。

3. 砂轮机

砂轮机是用来刃磨各种刀具、工具的常用设备。

砂轮机安全操作规程：

① 砂轮的旋转方向要正确。

② 启动后，砂轮旋转应平稳后再进行磨削。若砂轮跳动明显，应停机修整。

③ 砂轮侧面不允许进行磨削操作。

④ 砂轮机托架和砂轮之间的距离应保持在3mm以内。

⑤ 磨削时应站在砂轮机的侧面，用力不宜过大。

4. 台钻

台式钻床简称台钻，如图 1-5 所示，它结构简单、操作方便，常用于小型工件钻、扩孔，直径在 13mm 以下。

台式钻床安全操作规程：

① 防护设备要齐备，钻床底座安装牢固、平稳；操作时禁止戴手套、围巾，禁止手捏棉纱垫拿工件。

② 钻孔前，要确定主轴正转。钻削用量选择要合理，操作时压入钻头不能用力过猛，防止折断钻头。

③ 只有停机切断电源后，才可以改变 V 带在塔轮中的位置，实现变速。

④ 钻通孔时，要使钻头通过工作台上的让刀孔，或在工件下垫上木板，以免损坏工作台表面。

⑤ 工作台要保持清洁，使用完毕后需清理、润滑。

图 1-5 台式钻床

四、钳工常用工、量具

（一）常用工具

1. 手锤

手锤如图 1-6 所示。分为硬锤头和软锤头两类，前者一般使用钢制材料，后者一般使用铜、塑料、铅、木材等材料。

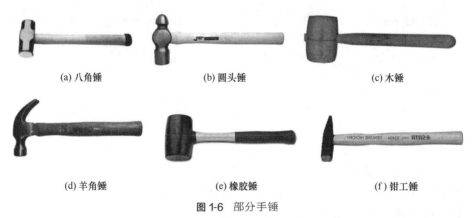

(a) 八角锤　　(b) 圆头锤　　(c) 木锤

(d) 羊角锤　　(e) 橡胶锤　　(f) 钳工锤

图 1-6 部分手锤

锤头的软硬选择，要根据工件材料及加工类型确定，如錾削时使用硬锤头，而装配和调整时，一般使用软锤头。

2. 旋具

旋具如图 1-7 所示，主要用于旋紧或松脱螺钉。

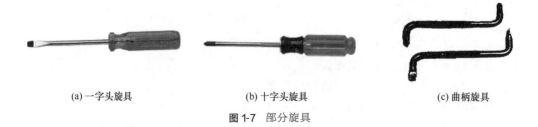

(a) 一字头旋具　　(b) 十字头旋具　　(c) 曲柄旋具

图 1-7 部分旋具

一字头旋具的刀口宽度（图 1-8）要根据螺钉的尺寸进行选择，否则易损坏旋具或螺钉。

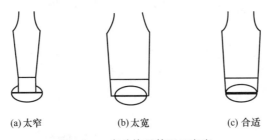

(a) 太窄　　　　(b) 太宽　　　　(c) 合适

图 1-8　一字头旋具的刀口宽度

3. 扳手

各种扳手如图 1-9 所示，主要用于旋紧或松脱螺栓和螺母等零部件。根据工作性质使用合适的扳手，尽量使用呆扳手，少用活扳手。

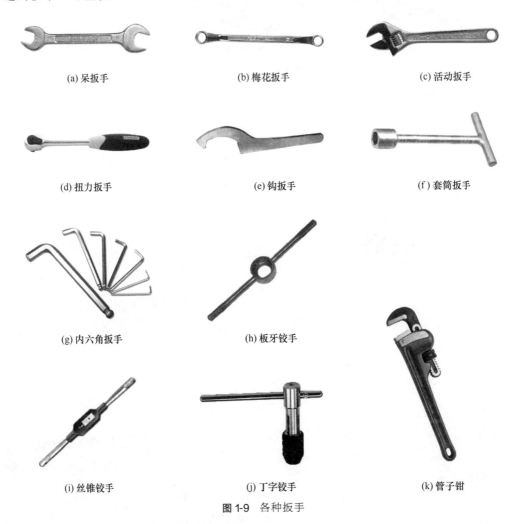

(a) 呆扳手　　　　(b) 梅花扳手　　　　(c) 活动扳手

(d) 扭力扳手　　　　(e) 钩扳手　　　　(f) 套筒扳手

(g) 内六角扳手　　　　(h) 板牙铰手

(i) 丝锥铰手　　　　(j) 丁字铰手　　　　(k) 管子钳

图 1-9　各种扳手

4. 手钳

手钳主要用来夹持工件，各种手钳如图 1-10 所示。

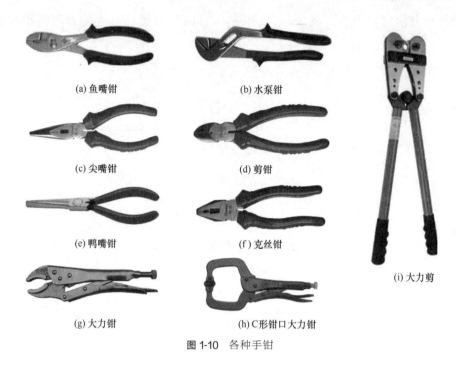

图 1-10 各种手钳

(二）常用量具介绍

1. 钢尺

钢尺最小刻度一般为 0.5mm 或 1mm。钢板尺的规格按长度分有 150mm、300mm、500mm、1000mm 或更长等多种。对 0.5mm 以下的尺寸，要用游标卡尺或千分尺等量具测量。钢尺如图 1-11 所示。

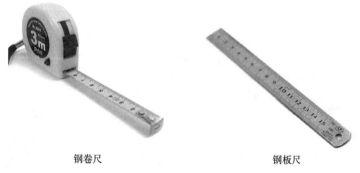

图 1-11 钢尺

2. 直角尺（弯尺）

直角尺（弯尺）指可用来检验零、部件的垂直度及用作划线的辅助工具，如图 1-12 所示。

3. 游标卡尺

两用游标卡尺（图 1-13）结构简单轻巧、使用方便、测量范围大、用途广泛、保养方便，是一种中等精密度的量具，可测量工件的内径、外径、中心距、宽度、长度、厚度、深度。

图 1-12 直角尺

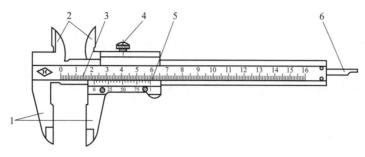

图 1-13　两用游标卡尺

1—外测量爪；2—内测量爪；3—尺身；4—螺钉；5—游标；6—深度尺

10 分度游标卡尺主尺的最小分度是 1mm，游标尺上有 10 个小的等分刻度，它们的总长等于 9mm，因此游标尺的每一分度与主尺的最小分度相差 0.1mm。10 分度游标卡尺的读数如图 1-14 所示。

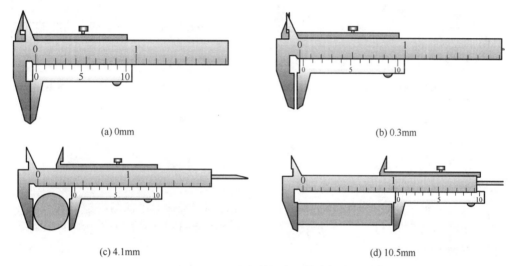

(a) 0mm　　(b) 0.3mm　　(c) 4.1mm　　(d) 10.5mm

图 1-14　10 分度游标卡尺的读数

20 分度游标卡尺主尺的最小分度是 1mm，游标尺上有 20 个小的等分刻度，它们的总长等于 19mm，因此游标尺的每一分度与主尺的最小分度相差 0.05mm。20 分度游标卡尺的读数如图 1-15 所示。

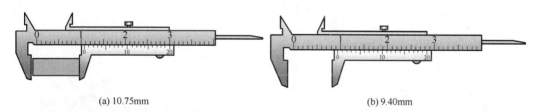

(a) 10.75mm　　(b) 9.40mm

图 1-15　20 分度游标卡尺的读数

50 分度游标卡尺的读数如图 1-16 所示。

4. 千分尺

千分尺的测量精度比游标卡尺更高，是一种精密量具，而且比较灵敏。因此，一般用来测量精度要求较高的尺寸。按用途来分，可分为外径千分尺、内径千分尺、螺纹千分尺等。

(a) 10.24mm　　(b) 17.00mm

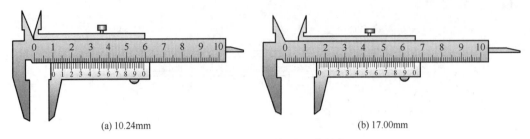

图 1-16　50 分度游标卡尺的读数

千分尺如图 1-17 所示。

分度值为 0.01mm 的外径千分尺，测微螺杆的螺距为 0.5mm，当微分筒转动一周时，测微螺杆进或退 0.5mm。外径千分尺读数实例如图 1-18 所示。

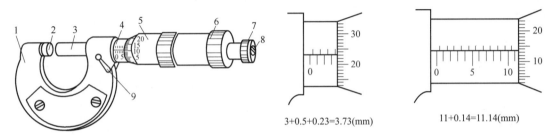

图 1-17　千分尺

1—尺架；2—砧座；3—测微螺杆；4—固定套筒；5—微分筒；6—罩壳；7—棘轮盘；8—螺钉；9—锁紧手柄

3+0.5+0.23=3.73(mm)　　11+0.14=11.14(mm)

图 1-18　外径千分尺读数实例

5. 百分表

百分表是一种精度较高的比较量具，它只能测出相对数值，不能测出绝对数值，可用来检验机床精度和测量工件的尺寸、形状及位置误差等，也可用于机床上安装工件时的精密找正。百分表如图 1-19 所示。

6. 塞尺（厚薄规或间隙片）

塞尺是用来检验两个接合面之间间隙大小的片状量规，它具有两个平行的测量平面，如图 1-20 所示。

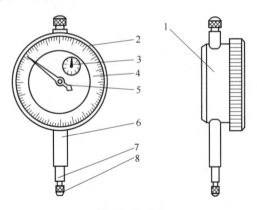

图 1-19　百分表

1—表体；2—手转动表圈；3—小刻度盘；4—表盘；5—指针；6—套筒；7—测量杆；8—测量头

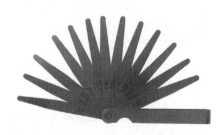

图 1-20　塞尺

在检验时，应先用较薄的片试塞，再逐渐换较厚的片，直到塞进时松紧适度为止，这时塞尺的厚度就是被测间隙的尺寸。需要时，可将几片塞尺叠放在一起使用，此时几片塞尺的尺寸之和就是间隙的大小。测量时，不可用力硬塞塞尺，以防塞尺弯曲甚至折断。

7. 万能游标量角器（角度尺）

万能游标量角器用来测量工件内外角度，测量范围是 0°~320°，如图 1-21 所示。

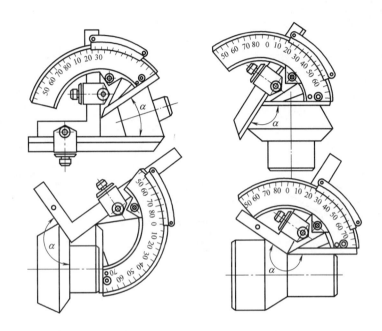

图 1-21 万能游标量角器

8. 高度游标卡尺和深度游标卡尺

高度和深度游标卡尺的游标计数原理与游标卡尺类似，如图 1-22、图 1-23 所示。

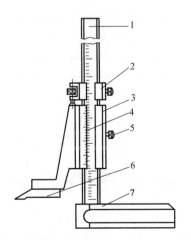

图 1-22 高度游标卡尺

1—尺身；2—微调装置；3—尺框；4—游标；5—紧固螺钉；6—量爪；7—底座

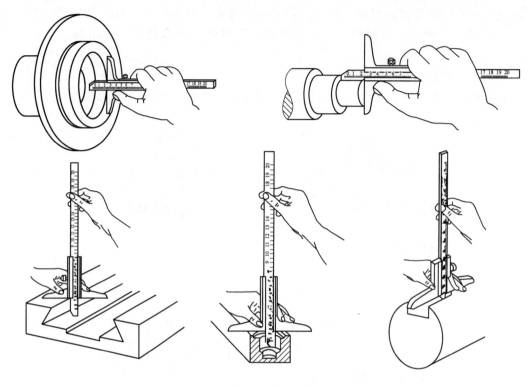

图 1-23 深度游标卡尺的应用

训练：工、量具的摆放

如图 1-24 所示，将钳工常用工具整齐地放置在台虎钳的右侧，量具放置在台虎钳的正前方。

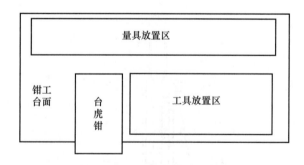

图 1-24 工、量具的摆放示意图

① 工、量具不得混放，并留有一定间隙整齐摆放。
② 工具的柄部均不得超出钳工台面，以免被碰落砸伤人员和工具。
③ 工作时，量具均平放在量具盒上。
④ 量具数量较多时，可放在台虎钳的左侧。

第二节 划　　线

一、划线基本知识

划线是机械加工中的一道重要工序，广泛用于单件或小批量生产。根据图样和技术要求，在毛坯或半成品上用划线工具画出加工界线，或划出作为基准的点、线的操作过程称为划线。划线分为平面划线和立体划线两种。只需要在工件一个表面上划线，即能明确表明加工界限的称为平面划线；需要在工件几个互成不同角度（一般是互相垂直）的表面上划线，才能明确表明加工界限的称为立体划线。对划线的基本要求是线条清晰匀称，定型、定位尺寸准确。由于划线的线条有一定宽度，一般要求精度达到 0.25～0.5mm。应当注意，工件的加工精度不能完全由划线确定，而应该在加工过程中通过测量来保证。

1. 划线基准的概念

合理地选择划线基准是做好划线工作的关键。只有划线基准选择得好，才能提高划线的质量和效率，也会相应提高工件合格率。

所谓划线基准，是指作为划线依据的工件上的某个点、线、面，划线基准可用来确定工件各部分尺寸、几何形状及工件上各要素的相对位置。

2. 划线的作用

（1）指导加工

通过划线可以确定零件加工面的位置，明确地表示出表面的加工余量，确定孔的位置或划出加工位置的找正线作为加工的依据。

（2）通过划线及时发现毛坯的各种质量问题

当毛坯误差较小时，可通过找正后的划线代替借料予以补救，从而可提高坯件的合格率；对不能补救的毛坯，不再转入下一道工序，以避免不必要的加工浪费。

3. 借料

铸、锻件毛坯在形状、尺寸和位置上的误差缺陷用找正后的划线方法不能补救时，就要用借料的方法来解决。

借料就是通过试划和调整，使各个加工面的加工余量合理分配、互相借用，从而保证各个加工表面都有足够的加工余量，使误差和缺陷可在加工后排除的加工方法。

要做好借料划线，首先要知道待划毛坯误差程度，确定需要借料的方向和大小，这样才能提高划线效率。如果毛坯误差超过许可范围，就不能利用借料来补救了。

借料的具体过程如下。

① 测量毛坯或工件各部分尺寸，找出偏移部位和偏移量。

② 合理分配各部位加工余量，确定借料方向和大小，划出基准线。

③ 以基准线为依据，按图划出其余各线。

④ 检查各加工表面加工余量，若发现余量不足，则应调整各部位加工余量，重新划线。

二、划线常用工具及其使用方法

1. 划线平板

划线平板如图 1-25 所示，它是划线时的基准平面，用来安放工件，在工作面上完成划线过程,一般为铸铁材质。划线质量与划线平板的平整性有关,在使用时应保持工作面水平,各处应均匀使用,防止局部磨损。此外,在使用过程中不得撞击或敲打划线平板。

划线平台的使用注意要点:平台工作表面应经常保持清洁;工件和工具在平台上都要轻拿、轻放,不可损伤其工作表面;不能用锤子直接在平台表面上锤击;用后要擦拭干净,并涂上机油防锈。

图 1-25 划线平板

图 1-26 V 形铁

2. V 形铁

V 形铁如图 1-26 所示,用于轴类零件检验、校正、划线,还可用于检验工件垂直度、平行度,精密轴类零件的检测、划线、定位及机械加工中的装夹,是钳工的划线工具,可以作为划线的基准。

3. 高度游标卡尺

高度游标卡尺是精确的量具,也是常用在已加工面上划线的工具,既可测量高度尺寸,又可用量爪直接划线,其精度一般为±0.02mm。

为了使划线清楚,在划线之前可以在工件表面涂上划线涂料。毛坯件可涂白灰水,已加工表面可涂红丹或蓝油。为方便操作,对已加工表面可以选择专用的钳工划线水。划线必须要在涂料干燥后才能进行。高度游标卡尺划线方法如图 1-27 所示。

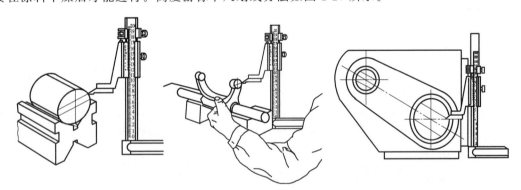

图 1-27 高度游标卡尺划线方法

4. 划针

划针是用来在工件上划线的工具,它由弹簧钢或高速钢制成,直径一般为 3~5mm,尖端磨成 15°~25°的尖角,并经热处理淬火硬化。有的划针在尖端部位焊有硬质合金,耐磨性更好。划针形状如图 1-28 所示。

划针的使用注意要点:用金属直尺和划针划连接两点的直线时,应先用划针和金属直尺定好一点的划线位置,然后调整金属直尺使之与另一点的划线位置对准,再划出两点的连接直线。划线时的针尖要紧靠导向工具的边缘,上部向外倾斜15°~20°,向划针移动方向倾斜45°~75°,如图1-29所示。针尖要保持尖锐,划线要尽量一次划成,使划出的线条既清晰又准确。不用时,划针不能插在衣袋中,最好套上塑料管,以防针尖外露。

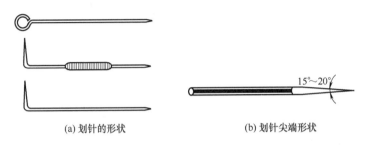

图 1-28　划针形状

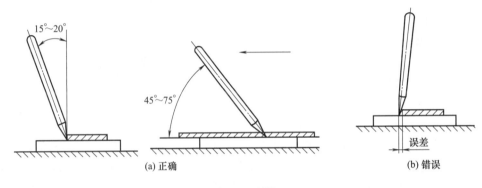

图 1-29　划线

三、划线基准

划线时,应从选择划线基准开始;在选择划线基准时,应先分析图样,找出设计基准;划线基准与设计基准尽量一致,这样能够直接量取划线尺寸,简化换算过程。

划线基准一般可根据以下3种类型选择,如图1-30所示。

1. 以两个互相垂直的平面(或线)为基准

从零件互相的两个方向的尺寸可以看出,每一方向的许多尺寸都是依照它们的外平面(在图样上是一条线)来确定的。此时,这两个平面分别就是每一方向的划线基准,如图1-30(a)所示。

2. 以两条中心线为基准

该件上两个方向的尺寸与其中心线具有对称性,并且其他尺寸也从中心线起始标注。此时,这两条中心线分别就是这两个方向的划线基准,如图1-30(b)所示。

3. 以一个平面和一条中心线为基准

该工件上高度方向的尺寸是以底面为依据的,此底面就是高度方向的划线基准。而宽度方向的尺寸对称于中心线,所以中心线就是宽度方向的划线基准,如图1-30(c)所示。

划线时在零件的每一个方向都需要选择一个基准,因此,平面划线时,一般要选择两个

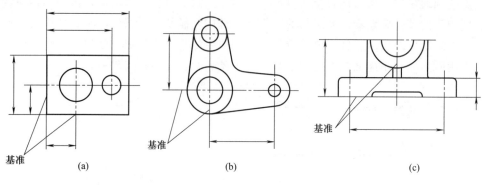

图 1-30 划线基准

划线基准；而立体划线时，一般要选择 3 个划线基准。

四、划线方法

划线分为平面划线和立体划线两种。

1. 平面划线

只需要在工件的一个表面上划线，就能明确表示加工界线的划线称为平面划线。其方法与机械制图相似，在工件的表面上按图纸要求划出点和线，如图 1-31 所示。

2. 立体划线

需要同时在工件的几个互成不同角度（通常是互相垂直）的表面上划线，才能明确表示加工界线的划线称为立体划线，如图 1-32 所示的轴承座就是采用立体划线方法和划线步骤。划线要求线条清晰，尺寸准确，划线错误将会导致工件报废。由于划出的线条有一定宽度，划线误差为 0.25～0.5mm。因此，通常不能以划线来确定最后尺寸，需在加工过程中依靠测量来控制零件的尺寸精度。

 训练一：平面划线

按如图 1-31 所示划线。

① 准备好所用的划线工具，并对实习件进行清理和划线表面涂色。

② 熟悉各图形划法。按各图应采取的划线基准及最大轮廓尺寸安排好各图基准线在实习件上的合理位置。

③ 按各图的编号顺序及所标注的尺寸，依次完成划线（图中不注尺寸，作图线可保留）。

④ 对图形、尺寸复检校对，确认无误后，在 φ26mm 孔、尺寸 45mm 的长形腰孔及 30°弧形腰孔的圆心上，敲上检验冲眼。

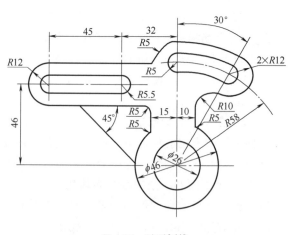

图 1-31 平面划线

训练二：立体划线

① 根据图样所标的尺寸要求和加工部位可知，需要划线的尺寸共有三个方向，所以工件要经过三次安放才能划完所有线条，如图 1-32 所示。

② 第一位置划线。因 φ50mm 孔为主要加工位置，故选该孔的中心平面Ⅰ—Ⅰ为高度方向的尺寸基准。划线时将 φ50mm 孔的两端面中心保持到同一高度，为保证在底面加工后厚度 20mm 在各处都均匀一致，使底面尽量达到水平。当 φ50mm 孔的两端中心要保持同一高度的要求和底面保持水平位置的要求发生矛盾时，就要兼顾两方面进行安放，将毛坯误差适当分配这两个部位。必要时进行借料，直至这两个部位都达到满意安放结果。

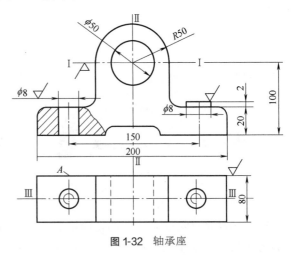

图 1-32 轴承座

③ 第二位置划线。选 φ50mm 孔中心平面Ⅱ—Ⅱ为长度方向的划线基准。通过千斤顶和划线盘的找正，使 φ50mm 孔两端的中心处于同一高度，同时用直角尺按已划出的底面加工线找正到垂直位置、划基准线Ⅱ—Ⅱ和 2×φ8mm 孔的中心线。

④ 第三位置划线。因两个螺钉孔在宽度方向的中心位置，故选该两孔的中心平面为宽度方向的划线基准。通过千斤顶的调整和直角尺的找正，分别使底面加工线和Ⅱ—Ⅱ基准线处于垂直位置（底面加工线与左角尺重合，Ⅱ—Ⅱ加工线与右角尺重合）。以两个 2×φ8mm 孔的中心为依据，试划两大端面的加工线，如两端面加工余量太大或其中一面加工余量不足，可适当调整 2×φ8mm 中心孔位置，必要时可借料，方可划出Ⅲ—Ⅲ线。

第三节 锯 削

一、锯削基本知识

用手锯把材料或工件进行分割或切槽等的操作称为锯削。虽然当前各种自动化、机械化的切割设备已广泛地使用，但手锯切割还是常见的，它具有方便、简单和灵活的特点，在单件小批生产、在临时工地以及切割异形工件、开槽、修整等场合应用较广。因此手工切割是钳工需要掌握的基本操作之一。

锯削工作范围包括：

① 分割各种材料及半成品；

② 锯掉工件上多余部分；

③ 在工件上锯槽。

二、锯削工具

锯削主要使用手锯进行。

1. 手锯构造

手锯由锯弓和锯条两部分构成。锯弓是用来安装锯条的,分为可调式和固定式两种。固定式锯弓只能安装一种长度的锯条;可调式锯弓通过调整可以安装几种不同长度的锯条,可调式锯弓因其锯柄形状便于用力,所以目前被广泛使用。

(1) 锯弓

锯弓如图 1-33 所示。

(a) 固定式　　　　　　　　　　　　(b) 可调式

图 1-33　锯弓

锯弓两端都装有夹头,一端是固定的,另一端为活动的。当锯条装在两端夹头的销子上后,旋紧活动夹头上的蝶形螺母就可把锯条拉紧。

(2) 锯条

锯条一般用渗碳软钢冷轧而成,经热处理淬硬。锯条的长度以两端安装孔中心距来表示,常用的为 300mm。为了减少锯条的内应力,充分利用锯条材料,目前已出现双面有齿的锯条。双面齿锯条两边锯齿淬硬,中间保持较好的韧性,不易折断,可延长使用寿命。

锯齿粗细以锯条每 25mm 长度内的锯齿数来表示,锯齿粗细的分类与应用见表 1-1。

表 1-1　锯齿粗细的分类与应用

锯齿粗细	每 25mm 长度内的锯齿数(牙距)	应　用
粗	14～18(1.8mm)	锯割铜、铝等软材料
中	19～23(1.4mm)	锯割钢、铸铁等中硬材料
细	24～32(1.1mm)	锯割硬钢材及薄壁工件

一般来说,粗齿锯条的容屑槽较大,适用于锯削软材料或较大的切面。因为这种工况每锯一次的切屑较多,只有使用大容屑槽,才不致发生堵塞,从而影响锯削效率。

锯削硬材料或切面较小的工件应该用细齿锯条,因硬材料不易锯入,每锯一次切屑较少,不易堵塞容屑槽;同时,细齿锯参加切削的齿数增多,可使每齿担负的锯削量小,锯削阻力小,材料易于切除,推锯省力,锯齿也不易磨损。

锯削管子和薄板时,必须用细齿锯条。否则会因齿距大于板厚,使锯齿被钩住而崩断。因此,锯削工件时,截面上至少要有两个以上的锯齿同时参与锯削,才能避免产生锯齿被钩住而崩断的现象。

2. 锯路

为了减少锯缝两侧面对锯条的摩擦阻力,避免锯条被夹住或折断,在制造锯条时,使锯齿按一定的规律左右错开,排列成一定形状,这就是锯路。锯路有交叉排列和波浪排列两种,如图 1-34 所示。锯条有了锯路以后,可使工件上的锯缝宽度大于锯条背部的厚度,从而防止"夹锯"和锯条过热，减少了锯条磨损。

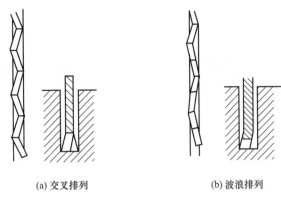

(a) 交叉排列　　　　(b) 波浪排列

图 1-34　锯路

更换新锯条时，由于旧锯条的锯路已磨损，使锯缝变窄而卡住新锯条。这时不要急于将锯条强行塞入锯缝，应先用新锯条低速地在原锯缝处锯割，待原锯缝都被加宽以后，再正常锯割。

三、锯削工艺方法

1. 锯条的安装

手锯是在向前推进时进行切削，所以锯条安装（图 1-35）时要保证锯齿的方向正确，如图 1-35（a）所示。如果装反了［图 1-35（b）］，则锯齿前角为负值，切削很困难，不能正常地锯削。锯条的松紧也要控制适当，如太紧，则锯条受力太大，在锯削中稍有阻碍而产生弯折时，就很容易崩断；如太松，则锯削时锯条容易扭曲，也很可能折断，而且锯出的锯缝容易发生歪斜。安装锯条时，应尽量使它与锯弓保持在同一中心平面内，对保持锯缝的正直比较有利。

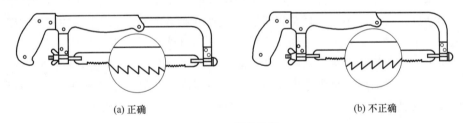

(a) 正确　　　　　　　　　(b) 不正确

图 1-35　锯条安装

2. 握法

右手满握锯柄，左手轻扶在锯弓前端，这是锯削时正确的握法，如图 1-36 所示。

3. 起锯

起锯（图 1-37）是锯削工作的开始。起锯质量的好坏，直接影响锯削的质量。起锯有远起锯［图 1-37（a）］和近起锯［图 1-37（c）］两种。一般情况下采用远起锯较好。因为此时锯齿是逐步切入材料，锯齿不易被卡住，起锯比较方便。如

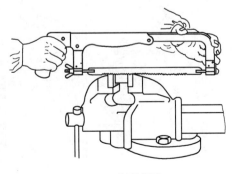

图 1-36　锯削握法

果采用近起锯，掌握不好时，由于突然切入较深的材料，锯齿容易被工件棱边卡住甚至崩齿。

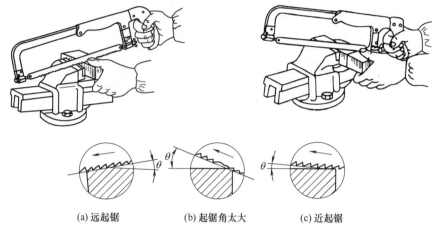

(a) 远起锯　　(b) 起锯角太大　　(c) 近起锯

图 1-37　起锯

无论用远起锯还是近起锯，起锯的角度要小（不超过 15°）。如果起锯角太大［图 1-37 (b)］，则起锯不易平稳，尤其是近起锯时锯齿更易被工件棱边卡住。但是，起锯角也不宜太小。如果接近平锯，由于锯齿与工件同时接触的齿数较多，不易切入材料，经过多次起锯后就容易发生偏离，使工件表面锯出许多锯痕，影响表面质量。为了起锯平稳和准确，可用手指挡住锯条，使锯条保持在正确的位置上起锯。起锯时施加的压力要小，往复行程要短，这样就容易准确地起锯。

4. 姿势

锯削时的站立位置（图 1-38）和身体摆动姿势与锉削姿势基本相似，摆动要自然。锯削时推力和压力均主要由右手控制，左手所加压力不要太大，主要起扶正锯弓的作用。推锯时锯弓的运动方式可有两种：一种是直线运动，适用于锯缝底面要求平直的槽和薄壁工件的锯削；另一种是锯弓一般可上下摆动，这样可使操作自然，两手不易疲劳。手锯在回程中，不应施加压力，以免锯齿磨损。锯削速度一般为 20～40 次/min。锯削软材料时，锯削速度可以快些；锯削硬材料时，锯削速度应该慢些。当速度过快时，锯条发热严重，容易磨损。必要时可加水或乳化液冷却，以减轻锯条的磨损。推锯时，应使锯条的全部长度都能利用

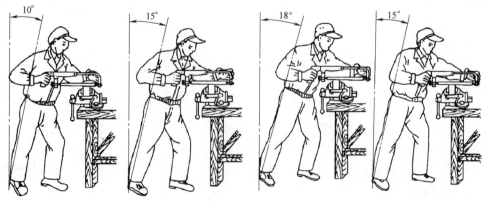

图 1-38　锯削姿势

到。若只集中于局部长度使用，锯条的使用寿命将相应缩短。一般往复长度应不小于锯条全长的 2/3。

 训练一：板料及薄板的锯削

（1）选择合适锯条

薄板的锯削，应先选用细齿的锯条，如图 1-39 所示。

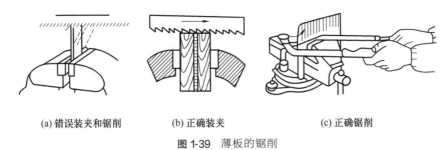

(a) 错误装夹和锯削　　(b) 正确装夹　　(c) 正确锯削

图 1-39　薄板的锯削

（2）锯削前要点

对于很薄的板，可以在切削之前，在砂轮上轻轻地将锯路磨至略大于锯条的厚度（因薄板不需考虑排屑问题）。切削时，锯条与板面的夹角应尽量小些，达到至少有两个以上的锯齿能跨过工件参加切削即可。这种方法也可以采用横向装夹锯削，可增加薄板的刚性。

（3）锯削时要点

锯削薄板时，尽量从宽面上锯下去，这样锯齿不容易产生钩住现象。当一定要在板料的狭面锯下去时，应该把板料夹在木块之间，连木块一起锯下。这样可避免锯齿被钩住，同时增加了板料的刚度，锯削时不会抖动。

 训练二：管料及薄管的锯削

（1）管料的锯削

管子的锯削和棒料锯削方法差不多，很薄的管壁需将锯齿两侧面轻微磨一磨，这样可减轻切削阻力。切削时，可选择翘摆式锯削。

（2）薄管的锯削

对于薄壁管子和精加工过的管子，应做好管子的正确夹持。装夹时，可用 V 形木块夹持工件，薄壁管子可采用填充物方法夹持，如图 1-40 所示。

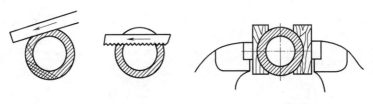

(a) 翘摆式锯削　　(b) 厚壁管直接装夹锯削　　(c) 薄壁管装夹

图 1-40　管子的锯削与装夹

锯削时，一般不要在一个方向上从开始连续锯削到结束，因为锯齿容易被管壁钩住而崩断。正确方法是每个方向只锯到管子的内壁处，然后把管子转个角度，仍旧锯到管子的内壁处。如此逐渐改变方向，直到锯断为止。薄壁管子在转变方向时，应使已锯的部分向锯条推进的部分转动，否则，锯齿仍有可能被管壁钩住。

 训练三：棒料的锯削

(1) 转位式锯削

对较长的棒料，可用先裁剪好的薄塑料板或薄铁皮围着棒料卷起，使与切削尺寸对齐。这时可用划针，沿样板边缘划上一周线，作为切削参考线位。

转位式切削面积小，摩擦阻力小，容易锯削。为提高切削速度，对铸铁或脆性工件，可用转位锯削，锯削到一圈后，再用锤子将切削的棒料打断。

(2) 直接式锯削

为提高断面的质量，可先对工件进行划线。划线时，可用游标高度尺在平台上划出实际参考线，以参考线为依据，按一个方向持续切削（参考线要留在加工件上，作参考加工线），如图 1-41 所示。

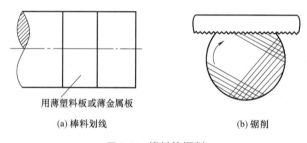

(a) 棒料划线　　　　(b) 锯削

图 1-41　棒料的锯削

 训练四：深缝锯削

对工件深缝锯削的方法有两种。

① 当锯缝的深度大于锯弓的有效高度时，可将锯弓两端上的方榫调整为 90°转位锯削。

② 先将锯条卸下来插到工件锯槽内，再把锯弓倒过来和工件上的锯条安装起来成为倒握锯切削，如图 1-42 所示。

③ 工件最好从一头锯到底，如果工件要锯通，锯弓又不够深，也可将工件掉过头来，

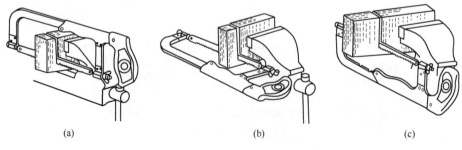

(a)　　　　(b)　　　　(c)

图 1-42　深缝锯削

从另一头开始锯削。锯削时，应注意经常观察锯削参考线，以确保锯削质量，否则下道工序会费时费力。

第四节　锉　　削

一、锉削基本知识

用锉刀从工件表面锉掉多余的金属，使工件达到图纸上所需要的尺寸、形状和表面粗糙度，这种操作叫做锉削。锉削加工方便，工作范围广，多用于錾削、锯削之后，可以加工平面、曲面、内外圆弧面及其他复杂表面，也可用于成型样板、模具、型腔以及部件、机器装配时的工件修整等。锉削可以达到 0.01mm 的尺寸精度，表面粗糙度可达 $Ra1.6\sim0.8\mu m$。

二、锉刀的结构和种类

1. 锉刀的结构

锉刀由锉身和锉柄两部分组成。各部位的名称如图 1-43 所示，其规格一般用工作部分的长度表示，分为 100mm、150mm、200mm、250mm、300mm、350mm、400mm 七种。锉刀常用碳素工具钢 T10、T12 制成，并经热处理淬火，硬度为 62～67HRC。锉齿多是在制锉机上剁成，经热处理淬硬，锉齿形状如图 1-44 所示。锉刀的锉纹常制成双齿纹，以便锉削时切削易碎断且不致堵塞锉面，达到省力的目的。

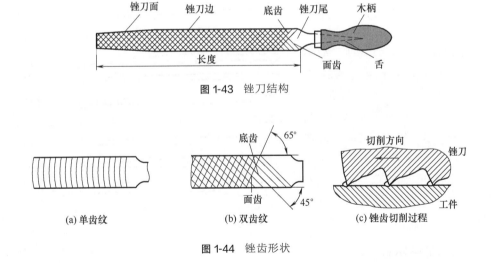

图 1-43　锉刀结构

图 1-44　锉齿形状

2. 锉刀的种类

锉刀按其用途可分为普通锉、异形锉和整形锉三大类。

(1) 普通锉

普通锉按其断面形状分为齐头扁锉刀、尖头扁锉刀、矩形锉刀、三角锉刀、半圆锉刀和圆锉刀六种，如图 1-45 所示。锉刀按齿纹粗细（即锉面上 10mm 长度内齿数的多少）分为粗齿、中齿、细齿和油光齿。

(2) 异形锉

异形锉是用来锉削工件特殊表面的，分为刀口锉、菱形锉、扁三角锉、椭圆锉、圆肚锉等，如图 1-46 所示。

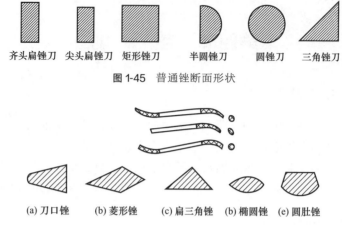

图 1-45 普通锉断面形状

图 1-46 异形锉断面形状

（3）整形锉

整形锉又叫什锦锉或组锉，它因分组配备各种断面形状的小锉而得名，主要用于修整工件上的细小部分，通常以 5 把、6 把、8 把、10 把或 12 把为一组，如图 1-47 所示。

3. 锉刀的选用

选择锉刀的原则如下。

① 根据工件形状和加工面的大小选择锉刀的形状和规格。常用的尺寸有 100mm、150mm 和 200mm。

② 根据加工材料的软硬、加工余量、精度和表面粗糙度的要求选择锉刀的粗细。粗锉刀的齿距大，不易堵塞，适宜粗加工或加工铜、铝等软金属；细锉刀适宜钢、铸铁以及表面质量要求高的工件；油光锉刀只用来修光已加工表面。锉刀越细，锉出的工件表面越光，但生产率越低。

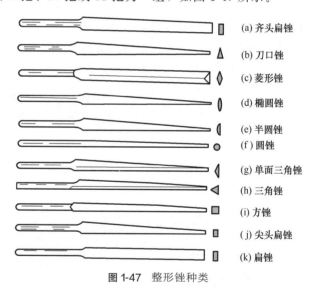

图 1-47 整形锉种类

三、锉削基本操作

（一）平面锉削

1. 锉刀选择及夹持

（1）选择锉刀

① 根据加工余量选择。若加工余量大，则选用粗锉刀或大型锉刀；反之，则选用细锉刀或小型锉刀。

② 根据加工精度选择。若工件的加工精度要求较高，则选用细锉刀；反之，则选用粗锉刀。

（2）工件夹持

将工件夹在台虎钳钳口的中间部位，伸出不能太高，否则易振动；若表面已加工过，则垫角钢形状的紫铜皮，以防止台虎钳钳口的纹路（牙口）将工件夹持出伤痕。

2. 锉刀的握持

用右手握锉刀柄，柄端顶住掌心，大拇指放在柄的上部，其余手指满握锉刀柄。左手在锉削时起扶稳锉刀、辅助锉削加工的作用，如图 1-48 所示。

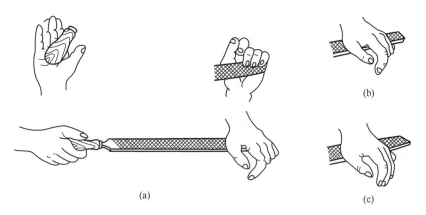

图 1-48　较大锉刀的握法

推出锉刀时，双手加在锉刀上的压力应保持锉刀平稳，不得使锉刀上下摆动，这样才能锉出平整的平面。锉刀的推力大小主要由右手控制，而压力大小是由两手同时控制的。

锉削速度应控制在 30～45 次/min。

3. 平面锉削的姿势

平面锉削姿势如图 1-49 所示。

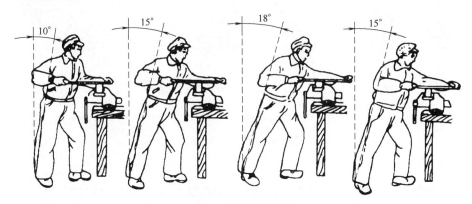

图 1-49　平面锉削姿势

4. 平面锉削时的用力

锉削平面时，为保证锉刀平稳运动，双手的用力情况是不断变化的，如图 1-50 所示。

① 起锉时，左手下压力较大，右手下压力较小。

② 锉削中，随着左手下压力逐渐减小，右手下压力逐渐增大。

③ 锉削末，左手下压力较小，右手下压力较大。

④ 收锉时，两手都没有下压力。

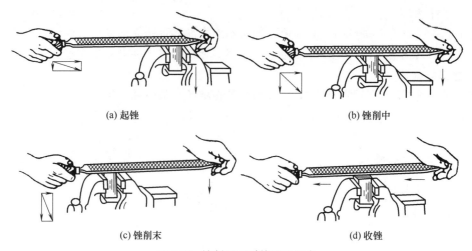

图 1-50 锉削平面时的两手用力

5. 平面锉削的方法

平面锉削的方法有顺向锉、交叉锉和推锉三种，如图 1-51 所示。采用顺向锉时，锉刀的运动方向与工件轴向始终一致。采用交叉锉时，锉刀运动方向与工件夹持方向约为 35°角。当锉削狭长平面时，可采用推锉。

采用顺向锉，表面粗糙度最好；采用交叉锉，平面度最易保证；采用推锉，能保证平面度和表面粗糙度，但效率低。实践中，应根据具体情况选择合适的方法，本任务采用顺向锉和交叉锉加工。

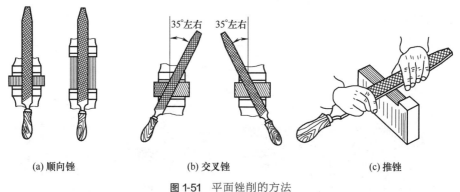

图 1-51 平面锉削的方法

6. 检验方法

检验使用透光法，使用的量具有刀口直尺（平面度）和直角尺（垂直度）。

（二）曲面锉削

1. 外圆弧的锉削

一般选用平锉进行锉削，锉削方法有顺向锉法、横向锉法，如图 1-52 所示。

① 顺向锉法。如图 1-52（a）所示，这种锉削方法易掌握且加工效率高，但只能锉削成近似圆弧的多棱形面，加工余量较大，适用于粗锉。

② 横向锉法。如图 1-52（b）所示，锉削时，锉刀顺着圆弧方向向前推进的同时，右手下压，左手随着上提。这种锉削方法锉出的外曲面圆滑、光洁，但其效率较低，适用于精锉。

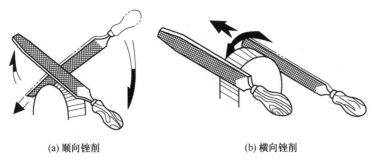

(a) 顺向锉削　　　　　　　　(b) 横向锉削

图 1-52　外圆弧的锉削方法

2. 内圆弧的锉削

一般选用圆锉或半圆锉，主要要点如下。

① 推锉时，锉刀向前运动的同时，锉刀还沿内曲面做向左或向右的移动，手腕做同步的转动动作。

② 回锉时，两手将锉刀稍微提起放回原来位置。

训练一：平面锉削

锉削平面技能训练如图 1-53 所示。

（1）加工工艺步骤

① 检查来料尺寸，掌握好加工余量的大小。

② 先在宽平面上、后在狭平面上采用顺向锉练习锉平。

（2）注意事项

① 练习时要把注意力集中在下面两个着重点上：一是要保证操作姿势和动作的正确；二是要两手用力方向、大小变化操作的正确和熟练，并经常用刀口直尺检查加工面的平直度情况，判断

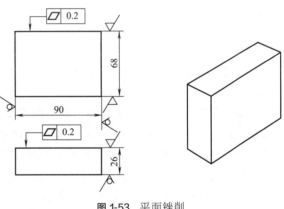

图 1-53　平面锉削

和改进自己手部的用力规律，逐步形成平面锉削的技能和技巧。

② 锉削后实习件的宽度和厚度尺寸不得小于 68mm 和 26mm（可用钢尺检查）。锉削纹路必须沿直向平行一致。

③ 正确使用工、量具，并做到文明安全操作。

④ 发现问题要及时纠正，要克服盲目的、机械的练习方法。

训练二：长方体锉削

锉削长方体技能训练如图 1-54 所示。

（1）加工工艺步骤

① 锉削基准面 A，达到平面度要求（用 300mm 粗板锉）。

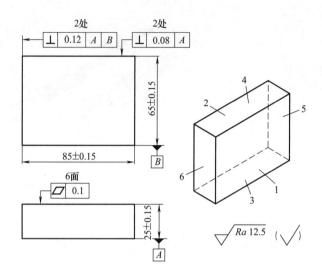

技术要求：1. 85mm、65mm、25mm三处尺寸，其最大与最小尺寸的差值不得大于0.24mm。
2. 各锐边均为倒角0.5×45°。

图1-54　长方体锉削

② 按实习件各面的编号顺序，结合划线，依次对各面进行粗、精锉削加工，达到图样要求（用游标卡尺或千分尺测量，控制尺寸公差）。

③ 全部精度复检，并做必要的修整锉削，最后将各锐边作 $0.5×45°$ 的均匀倒角。

（2）注意事项

① 在加工前，应对来料进行全面检查，了解误差及加工余量情况，然后进行加工。

② 学习重点仍应放在取得正确的锉削姿势上，在本节练习结束时，要达到锉削姿势完全正确、自然、熟练。

③ 加工平行面，必须在基准面达到平面度要求后进行；加工垂直面，必须在平行面加工好以后进行，即必须在确保基准面、平行面达到规定的平面度及尺寸差值要求的情况下才能进行；使在加工各相关面时具有准确的测量基准。

④ 在检查垂直度时，要注意角尺从上向下移动的速度，压力不要太大，否则易造成尺座的测量面离开工件基准面。操作者仅根据被测表面的透光情况就认为垂直正确了是不准确的，实际上可能并没有达到正确的垂直度要求。

⑤ 在接近加工要求时的误差修整，要全面考虑逐步进行，不要过急，以免造成平面塌角、不平现象。

⑥ 工、量具要放置在规定位置，使用时要轻拿轻放，用毕后要擦净，做到文明操作。

 训练三：凹凸件配合

锉削凹凸件技能训练如图1-55所示。

（1）加工工艺步骤

① 按图样要求锉削好外轮廓基准面，达到尺寸（60±0.05）mm、（80±0.05）mm及垂直度和平行度要求。

② 按要求划出凹凸形体加工线，并钻工艺孔 $4×\phi5mm$。

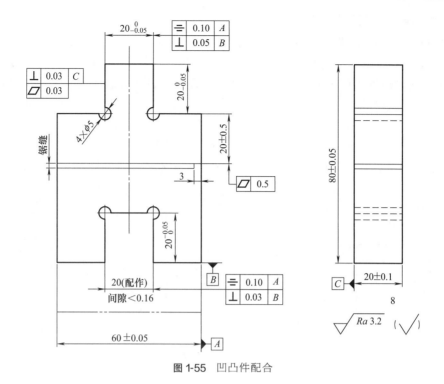

图 1-55 凹凸件配合

③ 加工凸形面。

a. 按划线锯去一垂直角,粗、细锉两垂直面。根据 80mm 处的实际尺寸,通过控制 60mm 的尺寸误差值(本处应控制在 80mm 处实际尺寸减去 $20_{-0.05}^{0}$ mm 的范围内),从而保证达到 $20_{-0.05}^{0}$ mm 的尺寸要求;同样根据 60mm 处的实际尺寸,通过控制 40mm 的尺寸误差值(本处应控制在 1/2×60mm 处实际尺寸加 $10_{-0.05}^{+0.025}$ mm 的范围内),从而保证在取得尺寸 $20_{-0.05}^{0}$ mm 的同时,又能保证其对称度在 0.10mm 内。

b. 按划线锯去另一垂直角。用上述方法控制并锉对尺寸 $20_{-0.05}^{0}$ mm,至于凸形面的 $20_{-0.05}^{0}$ mm 的尺寸要求,可直接测量。

④ 加工凹形面。

a. 用钻头钻出排孔,并锯除凹形面的多余部分,然后粗锉至接触线条。

b. 细锉凹形顶端面,根据 80mm 处的实际尺寸,通过控制 60mm 的尺寸误差值(本处采用与凸形面的两垂直面相同方法控制尺寸),从而保证达到与凸形件端面的配合精度要求。

c. 细锉两侧垂直面,两面同样根据外形 60mm 和凸形面 20mm 的实际尺寸,通过控制 20mm 的尺寸误差值(如凸形面尺寸为 19.95mm,一侧面可用 1/2×60mm 处尺寸减去 $10_{-0.01}^{+0.05}$ mm,而另一侧面必须控制 1/2×60mm 处尺寸减去 $10_{-0.05}^{+0.01}$ mm),从而保证达到与凸形面 20mm 的配合精度要求,同时也能保证其对称度精度在 0.10mm 内。

d. 全部锐边倒角,并检查全部尺寸精度。

e. 锯削,要求达到(20±0.5)mm,锯面平面度 0.5mm,不能锯下,留有 3mm 不锯,最后修去锯口毛刺。

(2) 注意事项

① 为了能对 20mm 凹、凸形的对称度进行测量控制,60mm 处的实际尺寸必须测量准

确,并应取其各点实测值的平均数值。

② 20mm 凸形面加工时,只能先去掉一垂直角料,待加工至所要求的尺寸公差后,才能去掉另一垂直角料。由于受测量工具的限制,只能采用间接测量法得到所需要的尺寸公差。

③ 采用间接测量法控制工件的尺寸精度时,必须控制好有关的工艺尺寸。例如,为保证 20mm 凸形面的对称度要求,用间接测量控制有关工艺尺寸(图 1-56)。用图解说明如下:图 1-56(a)所示为凸形面的最大与最小控制尺寸;图 1-56(b)所示为在最大控制尺寸下,取得的尺寸 19.95mm,这时对称度误差最大左偏值为 0.05mm;图 1-56(c)所示为在最小控制尺寸下,取得的尺寸 20mm,这时对称度误差最大右偏值为 0.05mm。

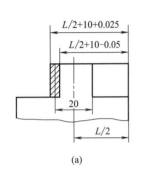
(a)
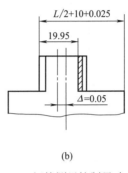
(b)
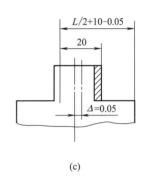
(c)

图 1-56　间接测量控制尺寸方法

④ 当工件不允许直接配锉时,若要达到互配件的要求间隙,就必须认真控制凹、凸件的尺寸误差。

⑤ 为达到配合后转位互换精度,在凹、凸形面加工时,必须控制垂直度误差(包括与大平面 B 的垂直)在最小的范围内。如图 1-57 所示,由于凹、凸形面没有控制好垂直度,所以在互换配合后就出现很大间隙。

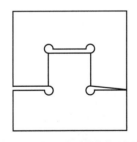

(a) 凸形面垂直度误差产生的间隙
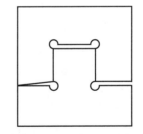
(b) 凹形面垂直度误差产生的间隙

图 1-57　垂直度误差对配合间隙的影响

⑥ 在加工垂直面时,要防止锉刀侧面碰坏另一垂直侧面,因此必须将锉刀一侧在砂轮上进行修磨,并使其与锉刀面夹角略小于 90°(锉内垂直面时),刃磨后最好用油石磨光。

第五节　孔　加　工

一、钻孔加工基本知识

用钻头在实体材料上加工孔的操作叫钻孔。钻削时的切削运动有主运动和进给运动。在钻床钻孔时，钻头装在钻床主轴或者装在与主轴连接的钻夹头上，而工件被固定在钻床上。因此，钻削运动主要由钻床主轴来实现。其中，钻头随主轴旋转的运动为主运动，钻头随主轴沿钻头直线方向的运动为进给运动，如图1-58所示。

在钻削时，由于钻头处于半封闭的加工环境中，切削余量大，细长的钻头刚性较差等因素，导致加工精度不高，尺寸精度一般为IT10～IT11，表面粗糙度$Ra \geqslant 12.5\mu m$，对于要求较高的孔，往往还要进行铰削加工。

二、钻床及钻孔辅件

1. 台式钻床

台式钻床主要用于加工ϕ12mm以下的孔，台式钻床具有结构简单、操作方便等优点。图1-59所示为台式钻床的结构。

台式钻床是靠一对分别装于主、从动轴上的塔形皮带轮，通过改变V带在皮带轮中的位置来实现转速调节的，如图1-60所示。台式钻床的速度调节一般有五级（480～4100r/min）。台式钻床主轴下端为莫氏2号锥孔，用于安装钻夹头。

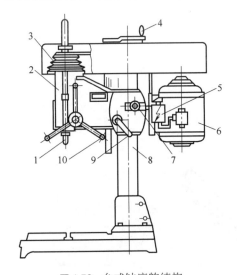

图1-59 台式钻床的结构

1—主轴；2—头架；3—带轮；4—旋转摇把；
5—转换开关；6—电动机；7—螺钉；8—立柱；
9—手柄；10—进给手柄

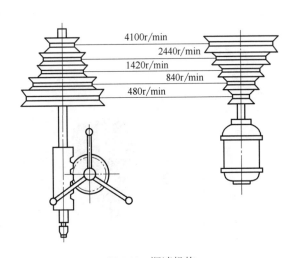

图1-60 调速机构

2. 立式钻床

立式钻床最大钻孔直径要比台式钻床大，根据钻床型号不同，最大钻孔直径也不同。图1-61所示为Z525型立式钻床的结构，其最大钻孔直径为25mm。立式钻床主轴下端采用的是莫氏3号锥轴，用于安装钻头。立式钻床的调速是靠齿轮机构，由调速手柄调节，可调节97～1360r/min九种转速。另外，立式钻床还可实现自动进给，进给量调节范围为0.1～0.81mm/r。

3. 摇臂钻床

摇臂钻床适用于加工中、大型零件，可以完成钻孔、扩孔、铰孔、锪平面、攻螺纹等工作。摇臂钻床的结构如图 1-62 所示，它除能实现主运动和进给运动外，还可以实现主轴箱沿摇臂水平导轨的移动、摇臂沿丝杠的上下移动和摇臂绕内立柱 360°旋转运动。

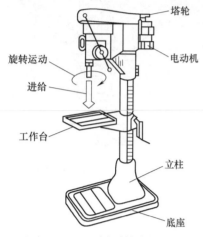

图 1-61　Z525 型立式钻床的结构

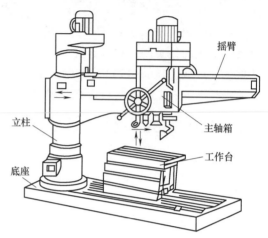

图 1-62　摇臂钻床的结构

4. 钻夹头

钻夹头用于装夹直径在 φ13mm 以内的直柄钻头。钻夹头柄部是圆锥面，可与钻床主轴内孔配合安装；它头部的三个爪可通过紧固扳手转动使其同时张开或合拢，如图 1-63 所示。

5. 普通钻头套

普通钻头套用于装夹锥柄钻头。钻头套有孔的一端安装钻头，另一端外锥面接钻床主轴内锥孔，如图 1-64 所示。

图 1-63　钻夹头

图 1-64　钻头套

6. 麻花钻

麻花钻用高速钢材料制成，并经热处理淬硬，由柄部、颈部、工作部分组成。

① 柄部。柄部是钻头的夹持部分，起传递动力的作用。柄部有直柄和锥柄两种，直柄传递扭矩较小，一般用在直径不大于 φ13mm 的钻头上；锥柄可传递较大扭矩，用在直径大于 φ13mm 的钻头上，如图 1-65 所示。

② 颈部。颈部是砂轮磨制钻头时供砂轮退刀用的，一般普通麻花钻的尺寸规格、材料以及商标都标刻在颈部，如图 1-65 所示。

③ 工作部分。工作部分如图 1-66 所示。它包括导向部分和切削部分。导向部分由两条螺旋槽和两条狭长的螺旋形棱边与螺旋槽表面相交成两条棱刃组成。棱边的作用是引导钻头

和修光孔壁;两条对称螺旋槽的作用是排除切屑和输送切削液。切削部分由两条主切削刃、一条横刃、两个前刀面和两个后刀面组成。

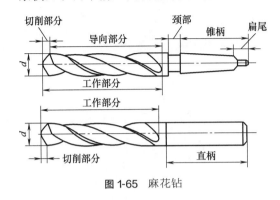

图 1-65 麻花钻

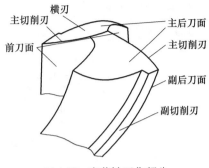

图 1-66 麻花钻工作部分

7. 标准麻花钻的缺点及修磨

(1) 缺点

标准麻花钻的切削部分存在以下缺点。

① 横刃较长，横刃处前角为负值。在切削中，横刃实际上处于挤刮状态而不是在切削，因此产生很大轴向力，使钻头容易发生抖动，引起定心不良。

② 主切削刃上各点的前角大小不一样，致使各点的切削性能不同。特别是横刃处前角为负值，处于一种刮削状态，切削性能差，会产生大的热量，磨损严重。

③ 主切削刃外缘处的刀尖角较小，前角很大，刀刃强度低，而此处的切削速度却最高，产生的切削热量最大，造成麻花钻磨损极为严重。

④ 主切削刃很长，而各点切屑流出速度的大小和方向又相差很大，造成切屑的卷曲变形，容易堵塞容屑槽，造成排屑困难，同时冷却液也不易注入。

(2) 修磨

由于标准麻花钻存在较多的缺点，为改善其切削性能，通常根据加工要求对标准麻花钻进行修磨。修磨方法如下。

① 刃磨两主后刀面。钻头刃磨如图 1-67 所示。右手握住钻头头部，左手握住柄部，如图 1-67 (a) 所示，将钻头主切削刃放平，使钻头轴线在水平面内与砂轮轴线的夹角等于顶角（2φ 为 118°±2°）的一半。将后刀面轻靠上砂轮圆周，如图 1-67 (b) 所示，同时控制钻头绕轴心线做缓慢转动，两动作同时进行，且两后刀面轮换进行，按此反复，磨出两主切削刃和两主后刀面。

② 修磨横刃。如图 1-68 所示，直径在 $\phi6$mm 以上的钻头，必须修短横刃。选择边缘清

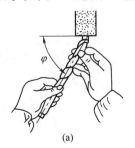

(a)

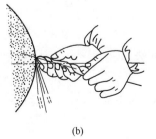

(b)

图 1-67 钻头刃磨

晰的砂轮修磨，增大靠近横刃处的前角，将钻头向上倾斜约55°，主切削刃与砂轮侧面平行。右手持钻头头部，左手握钻头柄部，并随钻头修磨逆时针旋转15°左右，以形成内刃，修磨后横刃为原长的1/5～1/3。

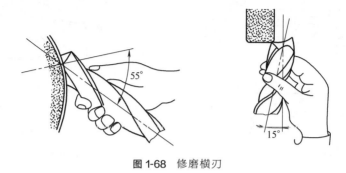

图 1-68　修磨横刃

③ 钻头冷却。钻头刃磨压力不宜过大，并要经常蘸水冷却，防止因过热退火而降低硬度。

④ 砂轮选择。一般采用粒度为 46～80、硬度为中软级（K、L）的氧化铝砂轮。砂轮旋转必须平稳，对跳动量大的砂轮必须进行修整。

三、钻孔基本操作

1. 钻孔时的工件划线

按钻孔的位置尺寸要求划出孔位的十字中心线，并打上中心样冲眼（要求冲眼要小，位置要准），按孔的大小划出孔的圆周线。孔位检查形式如图 1-69 所示。对钻直径较大的孔，还应划出几个大小不等的检查圆，以便钻孔时检查和找正钻孔位置，如图 1-69（a）所示。当钻孔的位置尺寸要求较高时，为了避免敲击中心冲眼时所产生的偏差，也可直接划出以孔中心线为对称中心的几个大小不等的方格，作为钻孔时的检查线，然后将中心冲眼敲大，以便准确落钻定心，如图 1-69（b）所示。

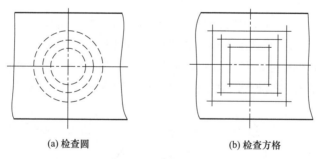

(a) 检查圆　　　　　　　　(b) 检查方格

图 1-69　孔位检查形式

2. 工件的装夹

工件钻孔时，要根据工件的不同形体以及钻削力的大小（或钻孔的直径大小）等情况，采用不同的装夹（定位和夹紧）方法，以保证钻孔的质量和安全。常用的工件装夹方法如图 1-70 所示。

工件的装夹方法：

① 平正的工件可用平口钳装夹。装夹时，应使工件表面与钻头垂直。钻直径大于 8mm

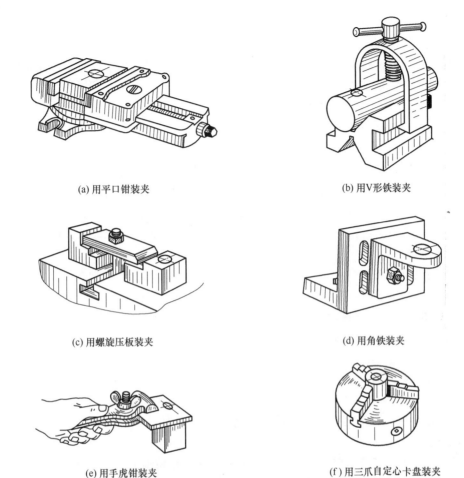

图 1-70 常用的工件装夹方法

孔时,必须将平口钳用螺栓、压板固定。用虎钳夹持工件钻通孔时,工件底部应垫上垫铁,空出落钻部位,以免钻坏虎钳。

② 圆柱形的工件可用 V 形铁装夹。装夹时应使钻头轴心线与 V 形铁两斜面的对称平面重合,保证钻出孔的中心线通过工件轴心线。

③ 对较大的工件且钻孔直径在 10mm 以上时,可用压板夹持的方法进行钻孔。在搭压板时应注意:

a. 压板厚度与压紧螺栓直径比例应适当,不要造成压板弯曲变形而影响压紧力;

b. 压板螺栓应尽量靠近工件,垫铁应比工件压紧表面高度稍高,以保证对工件有较大的压紧力和避免工件在夹紧过程中移动;

c. 当压紧表面为已加工表面时,要用衬垫进行保护,防止压出印痕。

④ 底面不平或加工基准在侧面的工件,可用角铁进行装夹。由于钻孔时的轴向钻削力在角铁安装平面之外,故角铁必须用压板固定在钻床工作台上。

⑤ 在小型工件或薄板件上钻小孔,可将工件放置在定位块上,用手虎钳进行夹持。

⑥ 圆柱工件端面钻孔,可利用三爪自定心卡盘进行装夹。

3. 起钻

钻孔时，先使钻头对准钻孔中心起钻一浅坑，观察钻孔位置是否正确，并要不断校正。使所钻浅坑与划线圆同轴。如偏位较少，可在起钻的同时用力将工件向偏位的反方向推移，达到逐步校正；如偏位较多，可在校正方向打上几个中心冲眼或用油槽錾錾出几条槽，以减少此处的钻削阻力，达到校正目的。但无论采用何种方法，都必须在锥坑外圆小于钻头直径之前完成，这是保证达到钻孔位置精度的重要一环。如果起钻锥坑外圆已经达到孔径，而孔位仍偏移，则再校正就困难了。

4. 进给操作

当起钻达到钻孔的位置要求后，即可压紧工件完成钻孔。手进给时，进给用力不应使钻头产生弯曲现象，以免使钻孔轴线歪斜。钻小直径孔或深孔时，进给力要小，并要经常退钻排屑，以免切屑阻塞而扭断钻头，一般在钻孔深度达直径的 3 倍时，一定要退钻排屑。钻孔将穿时，进给力必须减小，以防进给量突然过大，增大切削抗力，造成钻头折断或使工件随着钻头转动造成事故。

5. 钻孔时的切削液

为了使钻头散热冷却，减少钻削时钻头与工件、切屑之间的摩擦，以及消除黏附在钻头和工件表面上的积屑瘤，提高钻头寿命和改善加工孔表面的质量，钻孔时要加注足够的切削液。钻钢件时，可用 3%～5% 的乳化液；钻铸铁时，一般可不加或用 5%～8% 的乳化液连续加注。

6. 钻孔时的安全知识

① 操作钻床时，不得戴手套，袖口必须扎紧；女性必须戴工作帽。

② 工件必须夹紧，特别是在小工件上钻较大直径孔时，装夹必须牢固；孔将钻穿时，要尽量减小进给力。

③ 开动钻床前，应检查是否有钻夹头钥匙或斜铁插在钻轴上。

④ 钻孔时如有切屑，不可用手和棉纱头或用嘴吹来清除，必须用毛刷清除；钻出长条切屑时，要先用钩子钩断后再除去。

⑤ 操作者的头部不准与旋转着的主轴靠得太近，停车时应让主轴自然停止，不可用手强行刹车，也不能反转制动。

⑥ 严禁在开车状态下装拆工件、检验工件和变换主轴转速，必须在停车状况下进行。

⑦ 清洁钻床或加注润滑油时，必须切断电源。

四、扩孔加工基本知识

用扩孔钻或麻花钻将工件上原有孔径进行扩大的加工方法称为扩孔。扩孔常用于孔的半精加工和铰孔前的预加工。扩孔可以校正孔的轴线偏差，并使其获得正确的几何形状和较小的表面粗糙度值，其加工精度一般为 IT9～IT10 级，表面粗糙度 Ra 为 3.2～6.3μm。扩孔的加工余量一般为 0.2～4mm。

1. 扩孔钻的种类和结构特点

扩孔钻按刀体结构分为整体式和镶片式两种，按装夹方式分为直柄、锥柄和套式三种。扩孔钻的结构如图 1-71 所示。其结构特点如下。

① 扩孔钻中心不切削，切削刃只有外边缘一小段，没有横刃。

② 由于背吃刀量小，切屑窄，易排出，不易擦伤已加工表面。

③ 容屑槽浅，钻心粗，刚性好，切削平稳。
④ 切削刃齿数多，可增强扩孔钻导向作用。

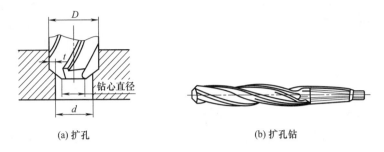

(a) 扩孔　　　　　　　　(b) 扩孔钻

图 1-71　扩孔钻的结构

2. 扩孔注意事项

扩孔时要注意以下几点。

① 扩孔前钻孔直径的确定。用扩孔钻扩孔时，预钻孔直径为要求孔径的 0.9 倍；用麻花钻扩孔时，预钻孔直径为要求孔径的 0.5～0.7 倍。

② 扩孔的切削用量。扩孔的进给量为钻孔的 1.5～2 倍，切削速度为钻孔的 0.5 倍。

③ 除铸铁和青铜外，其他材料的工件扩孔时，都要使用切削液。

④ 实际生产中，常用麻花钻代替扩孔钻。使用时，因横刃不参加切削，轴向切削抗力较小，所以应适当减小麻花钻的后角，以防扩孔时扎刀。

五、锪孔加工基本知识

用锪钻（或改制的钻头）对工件进行孔口形面的加工称为锪孔。

1. 锪孔的形式和作用

锪孔的形式主要有锪柱形埋头孔、锪锥形埋头孔、锪孔端平面。锪钻的种类如图 1-72 所示。锪孔的作用主要是：在工件的连接孔端锪出柱形或锥形埋头孔，用埋头螺钉埋入孔内把有关零件连接起来，使外观整齐，装配位置紧凑；将孔口端面锪平，并与孔中心线垂直，能使连接螺栓（或螺母）的端面与连接件保持良好接触。

2. 用麻花钻改制锪钻

锪钻常用麻花钻改制（图 1-73），图 1-73（a）所示为改制成带导柱的柱形锪钻，导柱直径 d 与工件原有的孔采用基本偏差为 f8 的间隙配合；端面切削刃需在锯片砂轮上磨出，后角 $\alpha_o = 8°$，导柱部分两条螺旋槽锋口倒钝。

图 1-73（b）所示为改制的不带导柱的平底锪钻，可用来锪平底不通孔。

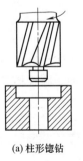 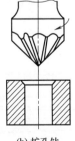 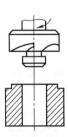

(a) 柱形锪钻　　(b) 扩孔钻　　(c) 端面锪钻

图 1-72　锪钻的种类

3. 锪孔注意事项

① 尽量选用比较短的钻头来改磨锪钻，且刃磨时要保证两切削刃高低一致、角度对称。同时，在砂轮上修磨后再用油石修光，使切削均匀平稳，减少加工时的振动。

② 要先调整好工件的螺栓通孔与锪孔的同轴度，再做工件的夹紧。调整时，可旋转主

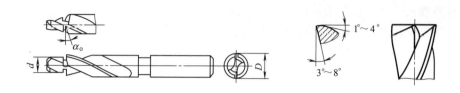

(a) 带导柱的柱形锪钻　　　　　　　(b) 不带导柱的平底锪钻

图 1-73　用钻头改制的锪钻

轴做试钻,使工件能自然定位。工件夹紧要稳固,以减少振动。

③ 锪孔时的切削速度比钻孔低,一般为钻孔切削速度的 1/3～1/2。同时,由于锪孔时的轴向抗力较小,所以手给压力不宜过大,并要均匀。

④ 若锪孔表面出现多角形振纹等情况,应立即停止加工,并找出钻头刃磨等问题及时修正。

⑤ 为控制锪孔深度,在锪孔前可对钻床主轴(锪钻)的进给深度用钻床上的深度标尺和定位螺母做好调整定位工作。

⑥ 锪钻的刀杆和刀片装夹要牢固,工件夹持稳定。

⑦ 钢件锪孔时,可加机油润滑。

六、铰孔加工基本知识

用铰刀对已经粗加工的孔再进行的精加工叫作铰孔,铰孔可加工圆柱形孔(用圆柱铰刀),也可加工圆锥形孔(用圆锥铰刀)。由于铰刀的刀刃数量多(6～12 个)、导向性好、尺寸精度高且刚性好,因此其加工精度一般可达 IT9～IT7(手铰甚至可达 IT6),表面粗糙度 Ra 为 0.8～3.2μm 或更小。

1. 铰刀的种类

铰刀有手铰刀和机铰刀两种,如图 1-74 所示。手铰刀用于手工铰孔,柄部为直柄,工作部分较长;机铰刀多为锥柄,装在钻床上进行铰孔。

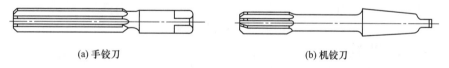

(a) 手铰刀　　　　　　　　　　　(b) 机铰刀

图 1-74　铰刀

铰刀按其用途不同可分为圆柱形铰刀和圆锥形铰刀(图 1-75)。其中,圆柱形铰刀又有固定式和可调式(图 1-76)两种。圆锥形铰刀是用来铰圆锥孔的。用作加工定位锥销孔的锥铰刀,其锥度为 1∶50(即在 50mm 长度内,铰刀两端直径差为 1mm),可以使铰得的锥孔与圆锥销紧密配合。可调式铰刀主要用于装配和修理时铰非标准尺寸的通孔。

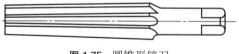

图 1-75　圆锥形铰刀

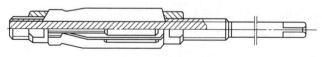

图 1-76　可调式铰刀

铰刀的刀齿有直齿和螺旋齿两种。螺旋铰刀多用于铰有缺口或带槽的孔,其特点是在铰削时不会被槽边钩住,且切削平稳,如图 1-77 所示。

对于尺寸较小的圆锥孔,铰孔前可按小端直径钻出圆柱底孔,再用圆锥铰刀铰削即可。对于尺寸和深度较大或锥度较大的圆锥孔,铰孔前的底孔应钻成阶梯孔。

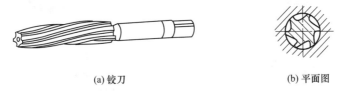

(a) 铰刀　　　　　　　　(b) 平面图

图 1-77　螺旋铰刀

2. 铰孔操作方法及注意事项

铰孔的方法分为手工铰削和机动铰削两种。铰削时应注意以下几点。

① 工件要夹正,夹紧力应适当,防止工件变形,以免铰孔后零件变形部分的回弹影响孔的几何精度。

② 手铰时,两手用力要均衡,速度要均匀,保持铰削的稳定性,避免由于铰刀的摇摆而造成孔口成喇叭状和孔径扩大。

③ 随着铰刀旋转,两手轻轻加压,使铰刀均匀进给。同时变换铰刀每次停歇位置,防止连续在同一位置停歇而造成的振痕。

④ 铰削过程中及退出铰刀时,都不允许反转,否则将拉毛孔壁,甚至使铰刀崩刃。

⑤ 机铰时,要保证机床主轴、铰刀和工件孔三者中心的同轴度要求。当同轴度达不到铰孔精度要求时,应采用浮动方式装夹铰刀。

⑥ 机铰结束时,铰刀应退出孔外后停机,否则孔壁有刀痕。

⑦ 铰削不通孔时,应经常退出铰刀,清除铰刀和孔内切屑,防止因堵屑而刮伤孔壁。

⑧ 铰孔过程中,应按工件材料、铰孔精度要求合理选用切削液。

第六节　螺纹加工

一、攻螺纹基本知识

用丝锥在工件孔中切削出内螺纹的加工方法称为攻螺纹。

1. 螺纹要素及螺纹的主要尺寸

(1) 螺纹要素

螺纹要素有牙型、外径、螺距、导程、线数、公差和旋向等,根据这些要素来加工螺纹。其中,牙型是指螺纹轴向剖面内的形状,各种螺纹的剖面形状如图 1-78 所示。

(2) 螺纹的主要尺寸

以普通螺纹为例,螺纹的主要尺寸如图 1-79 和图 1-80 所示。

① 大径。大径是螺纹的最大直径(即外螺纹的顶径 d、内螺纹的底径 D),是螺纹的公称直径。

② 小径。小径是螺纹的最小直径(即外螺纹的底径 d_1、内螺纹的顶径 D_1)。

③ 中径(d_2、D_2)。螺纹的有效直径称为中径。在这个直径上螺纹的牙厚和槽宽相等,

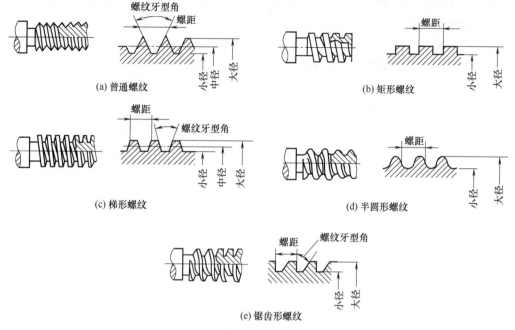

图 1-78 各种螺纹的剖面形状

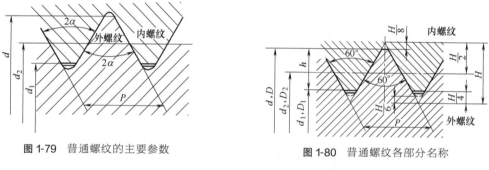

图 1-79 普通螺纹的主要参数　　图 1-80 普通螺纹各部分名称

即牙厚等于螺距的一半（中径等于大、小径的平均值）。

④ 螺纹的牙型高度（h）。螺纹的牙顶到牙底在垂直于螺纹轴线上的距离称为螺纹的牙型高度。

⑤ 牙型角（α）。在螺纹剖面上两侧面所夹的角称为牙型角。

⑥ 螺距（P）。相邻两牙在中性线上对应两点间的轴向距离称为螺距。

⑦ 导程（P_h）。螺纹上一点沿螺旋线转一周时，该点沿轴线方向所移动的距离称为导程。单线螺纹的导程等于螺距。导程与螺距的关系可用下式表达：

$$多线螺纹导程(P_h)=线数(z)\times 螺距(P) \tag{1-1}$$

2. 攻螺纹前底孔直径和不通孔深度的确定

（1）底孔直径的确定

攻螺纹时，丝锥在切削金属的同时，还有较强的挤压作用，使攻出螺纹的小径小于底孔直径。因此，攻螺纹前的底孔直径应稍大于螺纹小径。否则，攻螺纹时因挤压作用，使螺纹牙顶与丝锥牙底之间没有足够的容屑空间，易将丝锥箍住，而折断丝锥，在攻塑性较大的材料时尤为严重。但是底孔也不易过大，否则会使螺纹牙型高度不够而降低强度。底孔直径大小，要根据工件材料的塑性及钻孔的扩张量考虑。

① 在加工钢和塑性较大的材料时，底孔直径的计算公式为

$$D_{孔} = D - P \tag{1-2}$$

式中　$D_{孔}$——螺纹底孔直径，mm；
　　　D——螺纹大径，mm；
　　　P——螺距，mm。

② 在加工铸铁和塑性较小的材料时，底孔直径的计算公式为

$$D_{孔} = D - (1.05 \sim 1.1)P \tag{1-3}$$

式中　D——螺纹大径，mm；
　　　P——螺距，mm。

若加工英制螺纹，在攻制前，钻底孔的钻头直径可以从有关手册中查出。

(2) 攻不通孔螺纹前底孔深度的确定

攻不通孔螺纹时，由于丝锥切削部分有锥角，端部不能切出完整的牙型，所以钻孔深度要大于螺纹的有效深度。一般取：

$$H_{钻} = H_{有效} + 0.7D \tag{1-4}$$

式中　$H_{钻}$——底孔深度，mm；
　　　$H_{有效}$——螺纹有效深度，mm；
　　　D——螺纹大径，mm。

3. 铰杠

手用丝锥攻螺纹时，一定要用铰杠夹持丝锥，铰杠分普通铰杠和丁字形铰杠两类。普通铰杠又分固定式铰杠和活铰杠两种。

① 固定式铰杠。铰杠两端是手柄，中部方孔适合一种尺寸的丝锥方头。由于方孔的尺寸是固定的，不适合多种尺寸的丝锥方头。使用时要根据丝锥尺寸的大小，来选择不同规格的铰杠。这种铰杠的优点是制造方便，可随便在一段铁条上钻个孔；用锉刀锉成所需尺寸的方孔适宜经常攻一定大小的螺纹时使用。

② 活铰杠。这种铰杠的方孔尺寸经调节后，可适合不同尺寸的丝锥方头，使用很方便。

丁字形铰杠常用在比较小的丝锥上。当需要对工件台阶旁边的螺孔或箱体内部的螺孔攻螺纹时，用普通铰杠会碰到工件，此时则要用丁字形铰杠。小的丁字形铰杠一般都是固定的，用于攻 M6 以下的螺纹。铰杠的长度视工件的需要确定。

4. 丝锥的结构

丝锥由螺纹部分（含切削锥和校准部分）、容屑槽和柄部组成，如图 1-81 所示。丝锥的螺纹部分由高速钢或合金钢制成，并经淬火处理。

① 切削锥。切削锥是丝锥前部的圆锥部分，它的锋利的切削刃起主要切削作用。切削刃的前角为 8°～10°，后角为 4°～6°。

② 校准部分。校准部分是确定螺纹孔直径、修光螺纹、引导丝锥轴向运动，同时是丝锥的备磨部分，其后角为 0°。

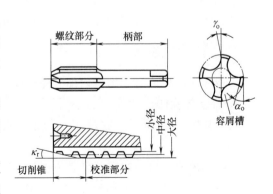

图 1-81　丝锥的结构

③ 容屑槽。容屑槽有容纳、排除切屑和形成切削刃的作用，常用的丝锥上有 3 条或 4 条容屑槽。

④ 柄部。柄部的形状及作用与手用铰刀的相同。

5. 机动攻螺纹的操作方法

① 应根据工件材料、所攻螺纹的深度和丝锥的大小等情况，选择合适的攻螺纹安全夹头。

② 选择合适的切削速度。一般情况下，丝锥直径小的速度高一些；丝锥直径越大，速度应越低；螺距大的应选择低速。可参考以下数值确定参数：一般材料 6～15m/min；调质钢或较硬钢 5～15m/min；不锈钢 2～7m/min；铸铁 8～10m/min。

③ 当丝锥即将切入螺纹底孔时，进给要慢，以免把丝锥牙撞坏。开始攻削时，应手动操纵进给手柄，施加均匀压力，帮助丝锥切入工件。当切削部分全部切入后，应停止施加压力，靠丝锥自行切入，以免将牙型切废。

④ 攻通孔螺纹时，丝锥的校准部分不能全部出头；否则，反车退出丝锥时，会产生乱牙现象。

⑤ 当丝锥切入工件以后，应不断地加切削液，并经常倒转或退出丝锥排屑。

⑥ M16 以上的螺纹应该考虑采用机动的方法攻螺纹，这样做的好处有两点：一是降低手工劳动强度；二是攻出的螺纹与孔平面垂直度好，质量和效率也都很高。

6. 攻螺纹方法及注意事项

① 确定底孔直径，钻孔后两端面孔口应倒角，这样丝锥容易切入，攻穿时螺纹也会崩裂。

② 根据丝锥大小选用合适的铰杠，勿用其他工具代替铰杠。

③ 攻螺纹时丝锥应垂直于底孔端面，不得偏斜。在丝锥切入 1～2 圈后，用直角尺在两个互相垂直的方向检查。若不垂直，应及时校正。

④ 丝锥切入 3～4 圈时，只需均匀转动铰杠。每正转 1/2～1 圈，要倒转 1/4～1/2 圈，以利断屑、排屑。攻韧性材料、深螺孔和盲螺孔时更应注意。攻盲螺孔时，还应在丝锥上做好标记，并经常退出丝锥排屑。

⑤ 攻较硬材料时，应头锥、二锥交替使用。调换时，先用手将丝锥旋入孔中，再用铰杠转动，以防乱扣。

⑥ 攻韧性材料或精度较高螺纹孔时，要选用适宜的切削液。

⑦ 攻通孔时，丝锥的校准部分不能全部攻出底孔口，以防退丝锥时造成螺纹乱牙。

⑧ 攻螺纹时，若丝锥折断，可用钳子旋出或用錾子沿旋出方向敲出丝锥折断部分；若丝锥断在螺纹孔中，可用钢丝或带凸爪的专用旋出器，插入丝锥槽中将折断部分取出。

二、套螺纹基本知识

用板牙在圆柱或管子的表面加工外螺纹的操作称为套螺纹。

1. 板牙与铰杠

板牙如图 1-82 所示，它是用来切削外螺纹的工具，由切削部分、校准部分和排屑孔组成。

排屑孔形成刃口。切削部分是指板牙的两端锥形部分，其锥角为 30°～60°，前角在 15°左右，后角约为 8°。校准部分在板牙的中部，起导向和修光作用。

板牙两端都有切削部分，一端磨损后可换另一端使用。但圆锥管螺纹板牙只在一面制成切削锥，所以，圆锥管螺纹板牙只能单面使用。

铰杠是用来安装板牙并带动板牙旋转切削的工具，通常又称板牙架，如图 1-83 所示。

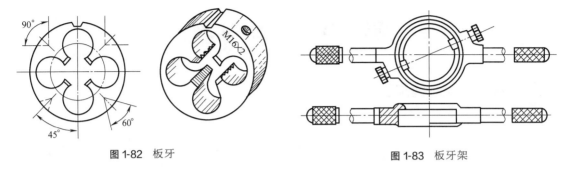

图 1-82　板牙　　　　　　　　　　　　图 1-83　板牙架

2. 套螺纹前圆柱直径的确定

套螺纹时，金属材料因受板牙的挤压而产生变形，牙顶将被挤得高一些，所以，套螺纹前，圆柱直径应稍小于螺纹大径。圆柱直径的计算公式为

$$d_{柱}=D-0.13P \tag{1-5}$$

式中　$d_{柱}$——套螺纹前圆柱直径，mm；

　　　D——螺纹大径，mm；

　　　P——螺距，mm。

3. 套螺纹的操作要点

① 套螺纹前应将圆柱端部倒成锥半角为 15°～20° 的锥体，锥体的最小直径要比螺纹小径小，使切出的螺纹起端避免出现锋口；否则，螺纹起端容易发生卷边而影响螺母的拧入。

② 套螺纹时切削力很大，圆柱要用硬木的 V 形块或厚铜板作衬垫，才能可靠夹紧。套螺纹部分离钳口也要尽量近。

③ 套螺纹时应保持板牙的端面与圆柱轴线垂直，否则切出的螺纹牙一面深一面浅，螺纹长度较大时，甚至因切削阻力太大而不能再继续切削，乱牙现象也特别严重。套螺纹操作方法如图 1-84 所示。

④ 开始时，为了能使板牙顺利切入工件，应先将工件前端倒一个 15°～20° 的锥角。如图 1-84（a）所示。在用板牙对工件施加轴向压力旋转时，转动要慢，压力要大。待板牙切入工件后不再施压，以免损坏螺纹和板牙。切入 1～2 圈时，要注意检查板牙的端面与柱轴线的垂直度，如图 1-84（b）所示。

⑤ 如图 1-84（c）所示，套螺纹过程中，板牙要时常倒转一下进行断屑，但与攻螺纹相比，切屑不易产生堵塞现象。

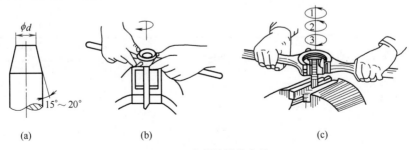

(a)　　　　　　　　(b)　　　　　　　　(c)

图 1-84　套螺纹操作方法

⑥ 在钢料上套螺纹时，要加润滑冷却液，以提高螺纹表面粗糙度和延长板牙使用寿命。一般用浓乳化液或机油，要求较高时，用植物油（豆油）或二硫化钼。

第七节 综合训练

  训练一：仪表锤加工

（一）任务要求

① 分析任务图1-85，制定加工工艺过程。
② 按图样要求加工零件。
③ 自行检测零件，并将检测结果填入"检测评分表"（表1-2）。
④ 整理工、量具，并清洁工位和工作场地。

（二）任务图

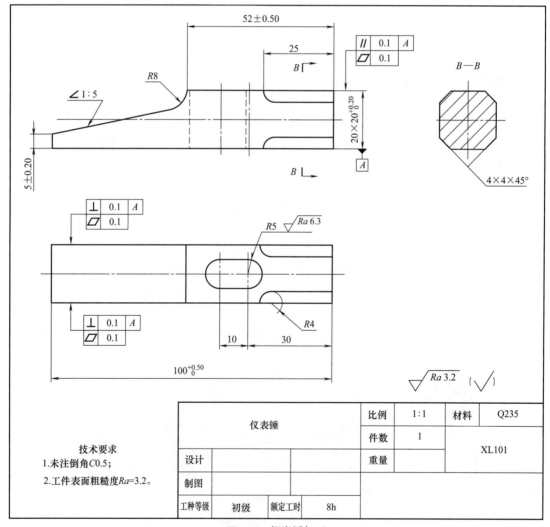

图1-85 仪表锤加工

（三）检测与评分

表 1-2　检测评分表

序号	检测项目	配分	自检结果	量、检具	得分
1	$20\times20_{\ 0}^{+0.20}$	5×2			
2	$100_{\ 0}^{+0.50}$	5			
3	平行度误差0.05mm(2处)	10			
4	垂直度误差0.08mm(4处)	12			
5	4×45°(4处)	8			
6	R8mm内圆弧面与斜面连接圆滑	4			
7	R4mm内圆弧面连接圆滑(4处)	12			
8	腰孔中心距10mm	5			
9	腰孔对称度(0.20mm)	6			
10	平面度(4处)	12			
11	表面粗糙度Ra3.2μm	6			
12	外观(倒角均匀,棱线清晰)	5			
13	安全文明生产	5			
合计		100	成绩		

训练二：直角配合

（一）任务要求

① 分析任务图1-86，制定加工工艺过程。
② 按图样要求加工零件。
③ 自行检测零件，并将检测结果填入"检测评分表"（表1-3）。
④ 整理工、量具，并清洁工位和工作场地。

（二）任务图

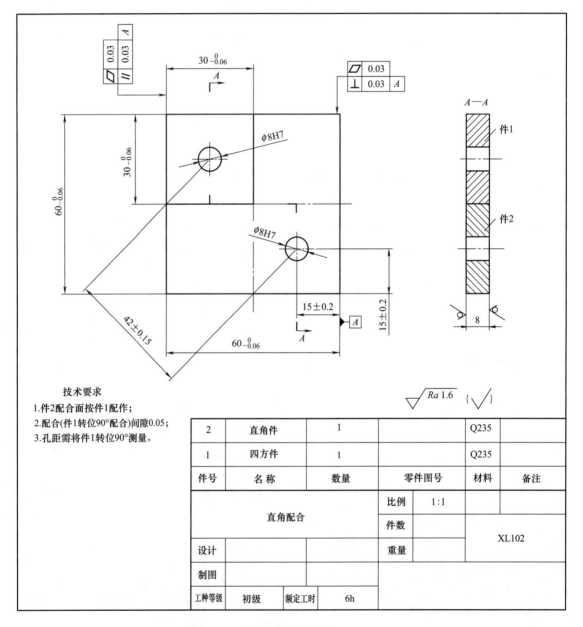

图1-86 直角配合

(三) 检测与评分

表 1-3 检测评分表

项目	序号	检测项目	配分	自检结果	量、检具	得分
件1	1	$30_{-0.06}^{0}$(2处)	5×2			
	2	$\phi 8H7$	4			
件2	3	$60_{-0.06}^{0}$(2处)	5×2			
	4	$\phi 8H7$	4			
	5	15±0.20(2处)	4×2			
	6	⊥ 0.03 A (4处)	1×4			
	7	∥ 0.03 A (4处)	1×4			
配合	8	42±0.15(4处)	4×4			
	9	⌗ 0.03 (2处)	4×2			
	10	配合间隙0.05(8处)	16			
其他	11	表面粗糙度 $Ra1.6$(12处)	6			
	12	外观	5			
	13	安全文明生产	5			
合计			100	成绩		

训练三：凹凸配合

（一）任务要求

① 分析任务图1-87，制定加工工艺过程。
② 按图样要求加工零件。
③ 自行检测零件，并将检测结果填入"检测评分表"（表1-4）。
④ 整理工、量具，并清洁工位和工作场地。

（二）任务图

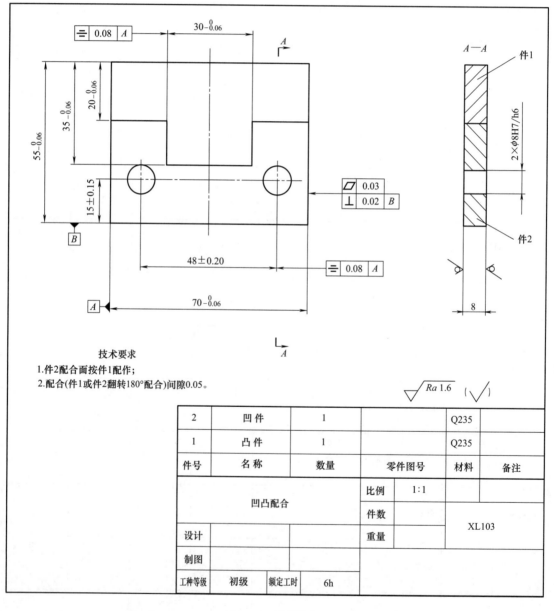

图1-87 凹凸配合

(三) 检测与评分

表 1-4 检测评分表

项目	序号	检测项目	配分	自检结果	量、检具	得分
件1	1	$70_{-0.06}^{0}$	4			
	2	$35_{-0.06}^{0}$	4			
	3	$20_{-0.06}^{0}$(2处)	4×2			
	4	$30_{-0.06}^{0}$	4			
	5	= 0.08 A	4			
件2	6	$70_{-0.06}^{0}$	4			
	7	48±0.20	4			
	8	15±0.15(2处)	4×2			
	9	ϕ8H7/h6(2处)	4			
	10	= 0.08 A	4			
	11	⊥ 0.02 B (2处)	2×2			
配合	12	$55_{-0.06}^{0}$	5			
	13	⁄⁄ 0.03 (2处)	2×2			
	14	配合间隙0.05(10处)	20			
其他	15	表面粗糙度 $Ra1.6\mu m$(18处)	9			
	16	外观	5			
	17	安全文明生产	5			
合计			100	成绩		

训练四：长方体配合

（一）任务要求
① 分析任务图 1-88，制定加工工艺过程。
② 按图样要求加工零件。
③ 自行检测零件，并将检测结果填入"检测评分表"（表 1-5）。
④ 整理工、量具，并清洁工位和工作场地。

（二）任务图

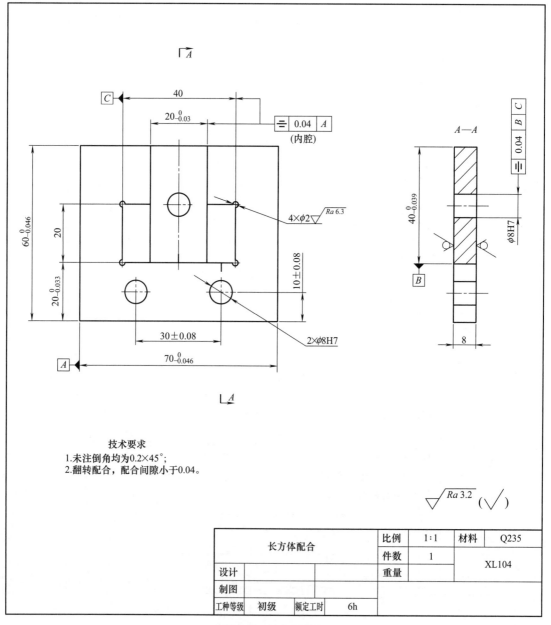

图 1-88 长方体配合

（三）检测与评分

表 1-5 检测评分表

项目	序号	检测项目	配分	自检结果	量、检具	得分
长方体	1	$20_{-0.033}^{0}$	5			
	2	$40_{-0.039}^{0}$	5			
	3	$\phi 8H7$	3			
	4	$\boxed{=\ |\ 0.04\ |\ B\ |\ C\ |}$	5			
凹件	5	$60_{-0.046}^{0}$	5			
	6	$70_{-0.046}^{0}$	5			
	7	10 ± 0.08(2处)	4×2			
	8	30 ± 0.08	5			
	9	$20_{-0.033}^{0}$	5			
	10	$4\times\phi 2$	1×4			
	11	$2\times\phi 8H7$	3×2			
	12	$\boxed{=\ |\ 0.04\ |\ A\ |}$ (2处)	5×2			
配合	13	配合间隙<0.04(8处)	2×8			
其他	14	$Ra\leq3.2$(17处)	8			
	15	外观	5			
	16	安全文明生产	5			
合计			100	成绩		

训练五：燕尾配合

（一）任务要求

① 分析任务图 1-89，制定加工工艺过程。
② 按图样要求加工零件。
③ 自行检测零件，并将检测结果填入"检测评分表"（表 1-6）。
④ 整理工、量具，并清洁工位和工作场地。

（二）任务图

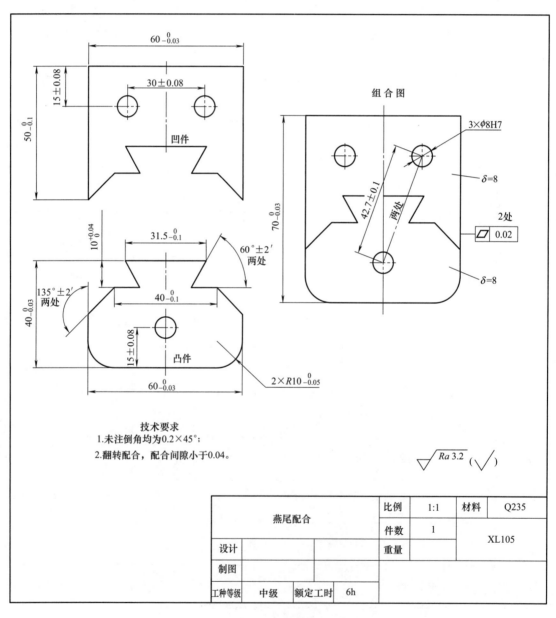

图 1-89 燕尾配合

（三）检测与评分

表 1-6 检测评分表

项目	序号	检测项目	配分	自检结果	量、检具	得分
凸件	1	$60_{-0.03}^{0}$	3			
	2	$31.5_{-0.1}^{0}$	2			
	3	15 ± 0.08	2			
	4	$40_{-0.03}^{0}$	3			
	5	$40_{-0.1}^{0}$	2			
	6	$135°\pm2'$(2处)	3×2			
	7	$60°\pm2'$(2处)	3×2			
	8	$10_{0}^{+0.04}$(2处)	1.5×2			
	9	$\phi8H7$	2			
	10	$2\times R10_{-0.05}^{0}$	3×2			
凹件	11	$60_{-0.03}^{0}$	3			
	12	15 ± 0.08(2处)	2×2			
	13	$50_{-0.1}^{0}$	2			
	14	30 ± 0.08	2			
	15	$\phi8H7$(2处)	2×2			
配合	16	配合间隙≤0.04(7处)	2×7			
	17	▱ 0.02 (2处)	3×2			
	18	$70_{-0.03}^{0}$	3			
	19	42.7 ± 0.1(2处)	2×2			
其他	20	$Ra\leq3.2\mu m$(25处)	13			
	21	外观	5			
	22	安全文明生产	5			
合计			100	成绩		

训练六：四方组合

（一）任务要求
① 分析任务图 1-90，制定加工工艺过程。
② 按图样要求加工零件。
③ 自行检测零件，并将检测结果填入"检测评分表"（表 1-7）。
④ 整理工、量具，并清洁工位和工作场地。

（二）任务图

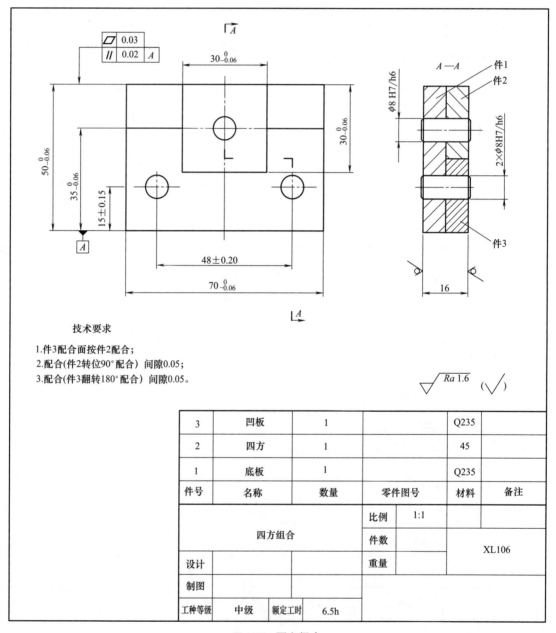

图 1-90 四方组合

（三）检测与评分

表 1-7 检测评分表

项目	序号	检测项目	配分	自检结果	量、检具	得分
件1	1	$70_{-0.06}^{0}$	4			
	2	$50_{-0.06}^{0}$	4			
	3	∥ 0.02 A	4			
件2	4	$30_{-0.06}^{0}$（2处）	4×2			
	5	$\phi 8H7/h6$	3			
件3	6	$70_{-0.06}^{0}$	4			
	7	$35_{-0.06}^{0}$	4			
	8	48 ± 0.20	4			
	9	15 ± 0.15（2处）	4×2			
	10	$\phi 8H7/h6$（2处）	3×2			
配合	11	配合间隙 0.05（24处）	24			
	12	▱ 0.03（4处）	2×4			
其他	13	表面粗糙度 $Ra1.6\mu m$（19处）	9			
	14	外观	5			
	15	安全文明生产	5			
合计			100	成绩		

训练七：凹凸组合

（一）任务要求

① 分析任务图 1-91，制定加工工艺过程。
② 按图样要求加工零件。
③ 自行检测零件，并将检测结果填入"检测评分表"（表 1-8）。
④ 整理工、量具，并清洁工位和工作场地。

（二）任务图

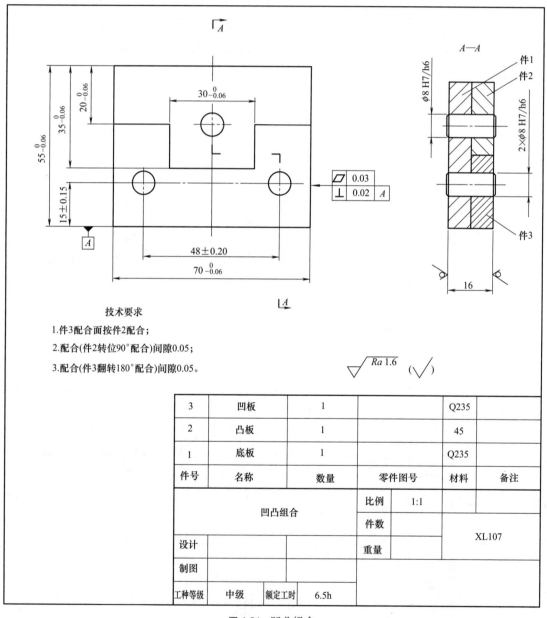

图 1-91 凹凸组合

(三) 检测与评分

▫ 表1-8 检测评分表

项目	序号	检测项目	配分	自检结果	量、检具	得分
件1	1	$70_{-0.06}^{0}$	3			
	2	$55_{-0.06}^{0}$	4			
件2	3	$70_{-0.06}^{0}$	3			
	4	$35_{-0.06}^{0}$	4			
	5	$20_{-0.06}^{0}$(2处)	3×2			
	6	$30_{-0.06}^{0}$	4			
	7	$\phi 8H7/h6$	3			
件3	8	$70_{-0.06}^{0}$	3			
	9	48 ± 0.20	4			
	10	15 ± 0.15(2处)	3×2			
	11	$\phi 8H7/h6$(2处)	3×2			
配合	12	配合间隙0.05(15处)	30			
	13	▱ 0.03	3			
	14	⊥ 0.02 A	3			
其他	15	表面粗糙度$Ra1.6\mu m$(16处)	8			
	16	外观	5			
	17	安全文明生产	5			
合计			100	成绩		

训练八：六方组合

(一) 任务要求
① 分析任务图 1-92，制定加工工艺过程。
② 按图样要求加工零件。
③ 自行检测零件，并将检测结果填入"检测评分表"（表 1-9）。
④ 整理工、量具，并清洁工位和工作场地。

(二) 任务图

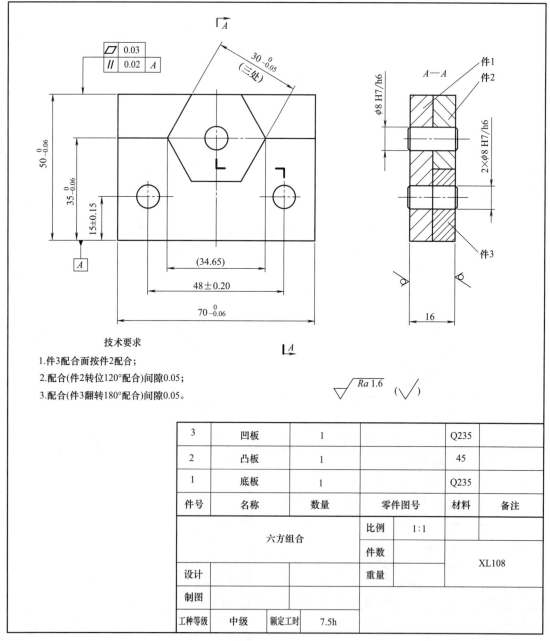

图 1-92　六方组合

（三）检测与评分

表 1-9 检测评分表

项目	序号	检测项目	配分	自检结果	量、检具	得分
件1	1	$70_{-0.06}^{0}$	3			
	2	$50_{-0.06}^{0}$	3			
	3	∥ 0.02 A	2			
件2	4	$30_{-0.05}^{0}$(3 处)	3×3			
	5	$\phi 8H7/h6$	2			
件3	6	$70_{-0.06}^{0}$	3			
	7	$35_{-0.06}^{0}$	3			
	8	48±0.20	3			
	9	15±0.15(2 处)	3×2			
	10	$\phi 8H7/h6$(2 处)	2×2			
配合	11	配合间隙 0.05(36 处)	36			
	12	▱ 0.03 (6 处)	1×6			
其他	13	表面粗糙度 $Ra1.6\mu m$(21 处)	10			
	14	外观	5			
	15	安全文明生产	5			
合计			100	成绩		

第二章 普通卧式车床拆装

学习目标

◎ **能力目标**
① 能够正确熟练使用各种专用工具、量具；
② 能够熟练拆装测绘各车床机构、机件；
③ 能够熟练调试、运行机床；
④ 能够拆装、修理较为复杂的机械装置和编制装配工艺。

◎ **知识目标**
① 了解所拆装机械的性能、部件或仪表的工作原理；
② 掌握各机构装置机件名称、作用和结构特点；
③ 掌握各种专用工具、量具的使用方法；
④ 掌握普通型车床的拆装方法；
⑤ 掌握机床装配后的调试及其故障排除方法。

第一节 车床基本知识

一、车床型号

机床的型号是机床产品的代号，用来表示机床的类别、主要技术参数、性能和结构特点。机床型号采用汉语拼音第一个字母和阿拉伯数字按一定规律组合表示。钻床为 Z，镗床为 T，铣床为 X，刨床为 B，磨床为 M 等。

例如，型号 C620-1 表示普通车床最大加工半径 200mm，经过第一次改型；CA6140 型普通车床是在 C620 型车床的基础上改进的卧式车床，工件最大回转直径 400mm，具体示意如下：

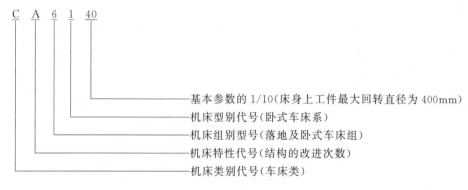

二、车床运动

为了加工各种回转表面,卧式车床必须具备下列 3 种运动。

1. 主运动

工件的旋转运动。它的作用是使车刀与工件做相对运动,以完成切削工作。

2. 进给运动

车刀的纵向进给和横向进给运动。车刀的纵向进给运动是指刀具沿平行于工件中心线的纵向移动,如车外圆、车螺纹等。车刀的横向进给运动是指刀具沿垂直于工件中心线的横向移动,多用于车端面及切断等。

3. 辅助运动

为实现机床的辅助工作而必需的运动,包括刀具的移近、退回、工件的夹紧等。在卧式车床上,这些运动通常由操作者手工操作来完成。

三、车床主要特征

CA6140 型普通卧式车床在我国应用较为广泛,它具有以下特点。

① 机床刚性好,抗振性能好,可以进行高速强力切削和重载荷切削。

② 机床操纵手柄集中,安排合理,溜板箱有快速移动机构,进给操纵较直观,操作方便,减轻劳动强度。

③ 机床具有高速细进给量,加工精度高,表面粗糙度小(公差等级能达到 IT6~IT7,表面粗糙度可达 $Ra0.8\mu m$)。

④ 机床溜板刻度盘有照明装置,尾座有快速夹紧机构,操作方便。

⑤ 机床外形美观,结构紧凑,清除切屑方便。

⑥ 床身导轨、主轴锥孔及尾座套筒锥孔都经表面淬火处理,延长使用寿命。

⑦ 主轴卧式布置,加工对象广,主轴转速和进给量的调整范围大。

CA6140 型普通卧式车床的万能性较大,但结构复杂,主要由手工操作,自动化程度低;在加工形状比较复杂的工件时,换刀较麻烦;加工过程中辅助时间较长,生产率低;适用于单件、小批生产及修理车间。CA6140 型普通卧式车床实物如图 2-1 所示。

图 2-1 普通卧式车床实物

四、车床加工范围

利用车床可以加工回转体内、外表面,其加工范围很广,就其基本内容来说,包括车外圆、车端面、切断和车槽、钻中心孔、车孔、铰孔、车螺纹、车圆锥面、车成形面、滚花和盘绕弹簧等。采用特殊的装置或技术后,在车床上还可以车削非圆零件表面,如凸轮、端面螺纹等。借助于标准或专用夹具,还可以完成非回转体零件上的回转体表面的加工。在车床上,如果装上了一些附件和夹具,还可以进行磨削、研磨、抛光等。车床加工范围如图 2-2 所示。

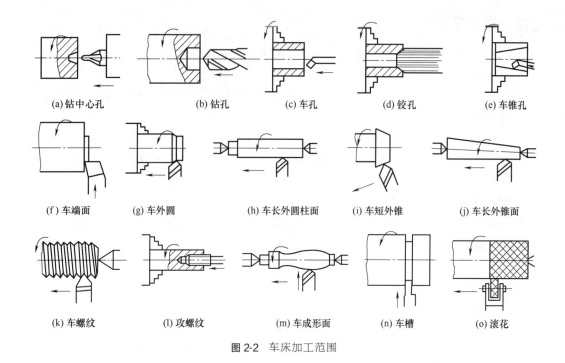

图 2-2 车床加工范围

普通卧式车床用于加工各种轴、套和盘类零件上的回转表面,精车外圆为 0.01mm,精车外圆的圆柱度为 0.01mm/100mm,精车螺纹的螺距精度为 0.06mm/300mm,精车的表面粗糙度为 1.25~2.5m。其通用性较大。

五、车床结构

卧式车床主要由床身、主轴箱、挂轮箱、进给箱、溜板箱、尾座、刀架等组成,如图 2-3 所示。

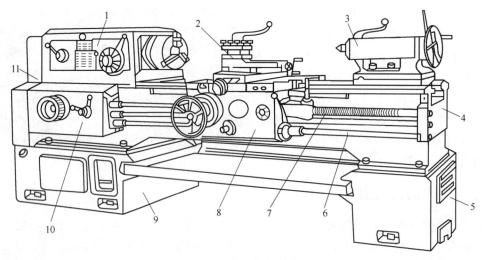

图 2-3 卧式车床外形

1—主轴箱;2—刀架;3—尾座;4—床身;5,9—床腿;6—操纵杠;
7—丝杠;8—溜板箱;10—进给箱;11—挂轮箱

1. 主轴箱（变速箱、床头箱）

主轴箱主要用来安装主轴和主轴的变速机构，主轴前端安装卡盘夹紧工件，并带动工件旋转实现主运动，为方便安装长棒料，主轴为空心结构。

2. 挂轮箱（交换齿轮箱）

挂轮箱主要用来把主轴的转动传给进给箱，调换箱内齿轮，并和进给箱配合可以车削不同螺距的螺纹和不同走刀量进给。

3. 进给箱（走刀箱）

进给箱主要用来安装进给变速机构。它的作用是把从主轴给挂轮机构传来的运动传给光杠或丝杠，取得不同的进给量和螺距。

4. 溜板箱

溜板箱是操纵车床、实现进给运动的主要部分。通过手柄接通光杠可使刀架做纵向或横向进给运动，接通丝杠可车螺纹等加工程序。大托板是纵向进给，中托板是横向进给，小托板用于纵向进给加工较短工件或角度工件，刀架用于安装车刀。

5. 尾座

安装顶尖，支撑较长工件，还可安装中心钻钻头、铰刀等其他切削工具。

6. 床身

床身用于支撑和连接车床其他部分部件并保证各部件之间的正确位置和相互运动关系。

六、车床传动系统

（一）传动系统

从电动机到主轴，或由主轴到刀架的传动联系，通常称为传动链。机床所有传动链的综合就组成了整台机床的传动系统，并用传动系统图表示。在装、修机床时，它是分析机床内部传动规律和基本结构的重要资料。CA6140型普通卧式车床的传动方框图如图2-4所示。

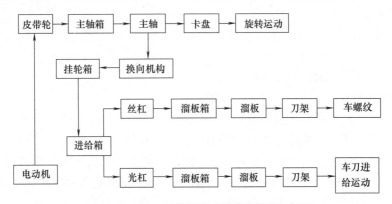

图2-4　CA6140型普通卧式车床的传动方框图

电动机输出动力经皮带轮的传动传给主轴箱，变换箱外手柄的位置可使主轴得到各种不同的转速。主轴通过卡盘带动工件做旋转运动。此外主轴的旋转通过挂轮箱、进给箱、丝杠或光杠、溜板箱的传动，使托板带动装在刀架上的刀具沿床身导轨做直线走刀运动。

为了便于研究机床的传动链，常用一些简明的符号把传动原理和传动路线表示出来，这就构成传动原理图。CA6140型普通卧式车床传动原理如图2-5所示。

图2-5中1—7表示传动链的节点，其中1—2之间表示定比传动，2—3，5—6之间为变

速传动，4节点为主轴传动，7节点为进给运动，虚线表示定比，菱形表示变速。

（二）传动系统图

为了便于了解和分析机床运动的传递、联系情况，常采用传动系统图。图中将每条传动链中的具体传动机构用简单的规定符号表示，并标明齿轮和蜗轮的齿数、蜗杆头数、丝杠导程、带轮直径、电动机功率和转速等。传动链中的传动机构，按照

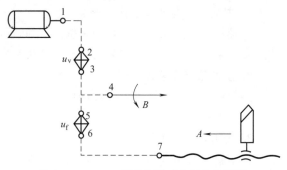

图 2-5 CA6140型普通卧式车床传动原理

运动传递或联系顺序依次排列，以展开图形式画在能反映主要部件相互位置的机床外形轮廓中。传动系统图只能表示传动关系，不能代表各元件的实际尺寸和空间位置。在传动系统图中常常还需注明齿轮及蜗轮的齿数、带轮直径、丝杠的导程和头数、电动机的转速和功率、传动轴的编号等。传动轴的编号，通常是从运动源（电动机等）开始，按运动传递顺序，顺次地用罗马数字Ⅰ、Ⅱ、Ⅲ、Ⅳ、Ⅴ、…表示。

CA6140型普通卧式车床的传动系统由主运动传动链、车螺纹运动传动链、纵向进给运动传动链、横向进给运动传动链及刀架快速移动传动链组成，如图2-6所示。

分析传动系统也就是分析各传动链。看懂传动路线的窍门是"抓两头，找中间"，比较容易找出传动路线。应按下述步骤进行。

① 根据机床所具有的运动，确定各传动链两端件。

② 根据传动链两端件的运动关系，确定计算位移量。

③ 根据计算位移量及传动链中各传动副的传动比，列出运动平衡式。

④ 根据运动平衡式，推导出传动链的换置公式。

⑤ 传动链中换置机构的传动比一经确定，就可根据运动平衡式计算出机床执行件的运动速度或位移量。

要实现机床所需的运动，CA6140型普通卧式车床的传动系统需具备以下传动链。

① 实现主运动的主传动链。

② 实现螺纹进给运动的螺纹进给传动链。

③ 实现纵向进给运动的纵向进给传动链。

④ 实现横向进给运动的横向进给传动链。

⑤ 实现刀架快速退离或趋近工件的快速空行程传动链。

主运动传动链的两末端件是主电动机与主轴，功用是把动力源的运动及动力传给主轴，使主轴带动工件按规定转速旋转，实现主运动。CA6140型普通卧式车床主运动传动链的传动路线结构式如图2-7所示。

车床的传动路线：

① 运动由电动机经V带轮传动副130mm/230mm传至主轴箱中的Ⅰ轴。

② 在Ⅰ轴的双向片式摩擦离合器M_1，控制主轴正转、反转或停止。

③ 当压紧离合器M_1左部的摩擦片时，Ⅰ轴的运动经齿轮副56/38或51/43传给Ⅱ轴，使Ⅱ轴获得两种转速。压紧M_1右部摩擦片时，经齿轮50（齿数）、Ⅶ轴上的空套齿轮34传给Ⅱ轴上的固定齿轮30。这时Ⅰ轴至Ⅱ轴之间多一个中间齿轮34，故Ⅱ轴的转向与经左部传动时相反，反转转速只有一种。

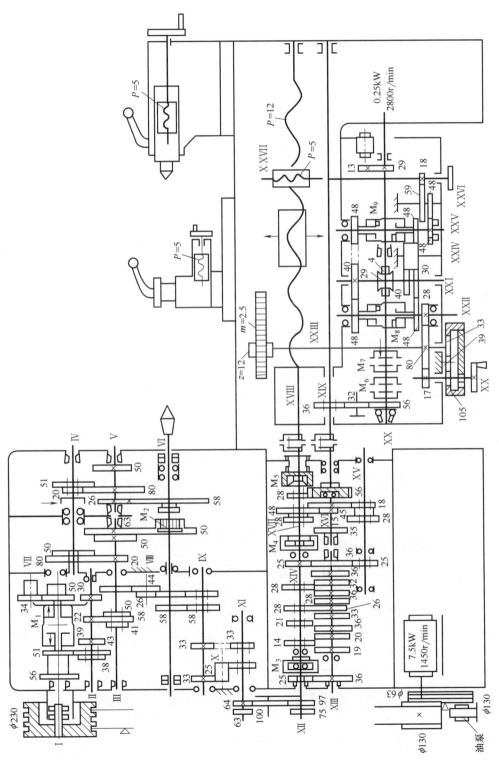

图 2-6 CA6140 型普通卧式车床的传动系统

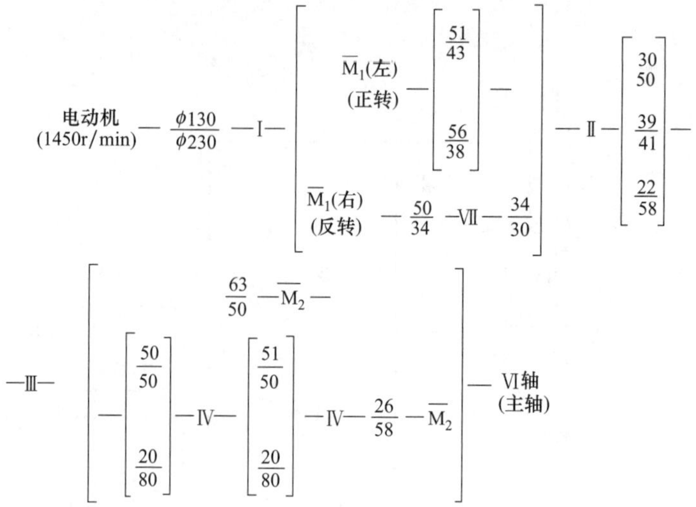

$$
\text{电动机} - \frac{\phi130}{\phi230} - \text{I} - \begin{bmatrix} \overline{M}_1(\text{左}) \\ (\text{正转}) \\ \\ \overline{M}_1(\text{右}) \\ (\text{反转}) \end{bmatrix} \begin{bmatrix} \frac{51}{43} \\ \\ \frac{56}{38} \end{bmatrix} - \frac{50}{34} - \text{VII} - \frac{34}{30} \end{bmatrix} - \text{II} - \begin{bmatrix} \frac{30}{50} \\ \frac{39}{41} \\ \frac{22}{58} \end{bmatrix}
$$

$$
-\text{III} - \begin{bmatrix} \frac{63}{50} - \overline{M}_2 - \\ \\ \begin{bmatrix} \frac{50}{50} \\ \\ \frac{20}{80} \end{bmatrix} - \text{IV} - \begin{bmatrix} \frac{51}{50} \\ \\ \frac{20}{80} \end{bmatrix} - \text{IV} - \frac{26}{58} - \overline{M}_2 \end{bmatrix} - \text{VI 轴}\\(\text{主轴})
$$

图 2-7 CA6140 型普通卧式车床主运动传动链的传动路线结构式

④ 当离合器处于中间位置时，左、右摩擦片都没有被压紧，Ⅰ轴的运动不能传至Ⅱ轴，主轴停转。

⑤ 运动由Ⅲ轴传往主轴有两条路线。

a. 高速路线：主轴上的滑移齿轮 50 向左移，使之与Ⅲ轴上右端的齿轮 63 啮合，运动传至主轴得高转速。

b. 低速传动路线：主轴上的滑移齿轮 50 向右移，使之与齿式离合器 M_2 啮合，Ⅲ轴的运动经齿轮副 20/80 或 50/50 传至Ⅳ轴，又经齿轮副 20/80 或 51/50 传至Ⅴ轴，再经齿轮副 26/58 和齿式离合器 M_2 传至主轴获得低转速。

主轴箱传动系统如图 2-8 所示。

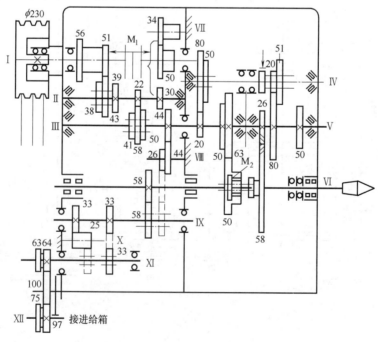

图 2-8 主轴箱传动系统

第二节　车床的拆装工艺

一、机械拆装规则要求

为保证拆卸质量，在拆卸机械设备前，必须制订合理的拆卸方案，对可能遇到的问题进行预测，做到有步骤地进行拆卸。机械装置的拆卸一般遵照下列规则和要求。

1. 遵循"拆卸服务于装配和恢复原机"的原则

在拆卸前，应测试机械装置的主要参数，为再装配后提供依据，确保性能与原机相同，即保证原机的完整性、准确性和密封性等。

2. 熟悉机械装置的构造和工作原理

机械设备种类繁多、构造各异，拆卸前应了解该装置的结构、工作原理和性能。对不清楚的结构，应查阅有关图样资料，熟悉装配关系、配合性质，尤其是紧固件位置、固接方法等。否则，要一边分析判断，一边试拆。若遇到难拆零件，还需要设计相应的拆卸夹具。

3. 以部件总成为单元进行拆卸

机械装置的拆卸要按顺序进行，不要盲目乱拆。拆卸顺序与装配顺序相反，一般是先总成、后部件，再分解成组件、零件，由外向里逐级拆卸，边拆边查。拆卸的零件要放在固定盘中或平台上防止散失。为了减少拆卸工作量和避免破坏配合性质，对于进行过特殊校准或拆卸后会影响精度的部件，一般不拆卸。

4. 坚持"慎重、安全"的原则，使用正确的拆卸方法

① 选择清洁、方便作业的场地。

② 拆卸前，应先切断电源，放出机械装置内的冷却液和润滑油。

③ 根据零、部件连接形式和零件规格尺寸，选用合适的拆卸工具和设备。使用起重设备搬运较重零部件时应注意起重设备的起吊和运行安全，放下时要用木块垫平，以防倾倒。严禁猛敲狠打零件的表面，若需敲击时，应使用胶锤、木锤、铅锤、铜锤等。使用锤子、大锤时要加垫。打击前必须先弄清拆出方向和松脱其他紧固件。

④ 对不可拆连接或拆后降低精度的接合件，当必须拆卸时，要注意保护精度高、材料贵、结构复杂、生产周期长的零件。不要用零件高精度重要表面做放置的支承面，以免损伤；必须使用时，应垫好橡胶板或软布。若连接件极难拆卸或已锈死，则可破坏次要的配对件。

⑤ 采取必要的支承和起重措施，能升降的零部件要降至合适的位置，严防倒覆和掉落；拆卸大型零件时，拆卸中应仔细检查锁紧螺钉及压板等是否已拆开，吊挂时要注意安全；对于精密、大型、复杂的设备，拆卸时应特别谨慎，在日常维护时，一般不允许拆卸。

5. 对轴孔装配件应坚持拆与装所用的力相同的原则

在拆卸轴孔装配件时，通常应坚持用多大的力装配，用多大的力拆卸。若出现异常情况，要查找原因，防止在拆卸中将零件碰伤、拉毛，甚至损坏。热装零件需利用加热来拆卸。一般情况下，不允许进行破坏性拆卸。

6. 记录拆卸过程

① 为了保证零件之间相互配合关系的正确性，便于清洗、装配和调整，对精密或结构复杂的部件，在拆卸前画出装配草图或示意图。重要油路、精密部件，尤其是采用误差抵消

法装配或经过平衡试验的部件，拆卸时应做好标记，按部件放置。装配时，方向、位置均要对号入座，以免搞错，以及浪费找正、调整和反复拆装的时间，如精密主轴、磨头等均为定向装配。

② 拆卸的零件应分类存放，同一总成内的零件应存放在一起，并根据零件的大小、精粗程度分类，以免混杂或损伤。

③ 零件拆卸后要彻底清洗，非修换件要经修整、分箱保管并涂油防锈，避免丢失和破坏。

④ 高精度零部件要涂防锈油并用油纸包装好，妥善保管。

⑤ 轴类配合件要按原顺序装回轴上，细长零件，如丝杠、光杠等要悬挂起来或多支点支承，以防变形。

⑥ 细小零件，如垫圈、螺母、特殊元件等，应放在专门容器内，用铁丝串起来，装配在一起或装在主体零件上，以防丢失。特别注意防止滚珠、键、销等小零件的丢失。

⑦ 液压元件、润滑油路孔或其他清洁度要求较高的零件孔或内腔，要采取妥善堵塞保护措施，以防止污染或进入尘屑不易清除。

⑧ 对不互换的零件要成组存放或打标记。

二、车床拆装安全文明生产条例

要牢固树立"安全第一，质量第一"的意识，养成良好的安全文明生产习惯，做到以下几点。

① 拆装前必须接受安全文明生产教育。

② 穿好工作服，佩戴安全帽，穿着整洁，不允许穿背心、拖鞋、凉鞋及高跟鞋等；机械运转时，检查、诊断、调试时，不得戴手套，袖口应扣好。

③ 拆装前应了解拆装机械或部件性能、工作原理、基本结构，按一定顺序拆装，按照相关技术要求操作，以保持设备的完好程度。

④ 拆装前熟悉常用拆装工、量具，并仔细检查，确保可以正常使用。

⑤ 拆装过程中严格遵守安全操作规程，听从指导，严禁野蛮拆装；在指定工位上操作，不能擅自离岗，不得打闹、追逐、喧哗；非工作、学习需要，不能随便到其他工位走动；未经允许不得触动其他机械设备。

⑥ 拆装过程中，小组成员之间应相互配合、协调，注意安全，禁止盲目行事、野蛮操作。

⑦ 工具、量具应分类依次整齐摆放；做到正确使用工具、量具，不要损坏，不能野蛮操作；严禁将锉刀、旋具等当作撬杠使用；车床导轨及油漆表面严禁放工具、量具、刀具、辅助器材及工件；严禁用手锤等硬物直接击打机械零件。

⑧ 拆卸车床时应注意有弹性的零件，防止这些零件突然弹出伤人，拆卸冲压床应首先放下锤头；锤击零件时，受击面应垫硬木、紫铜棒或锦纶66棒等材料。

⑨ 把轴类零件插入车床组合时，禁止用手引导、用手探测或把手伸入孔内。

⑩ 拆装零件、部件与搬运工件时，要稳妥可靠，防止零部件受损或伤人；递接工量具、零件时，禁止投掷；拆卸下的零部件应摆放有序，不得乱丢、乱放，能滚动的零部件应两侧卡死，不让其滚动。

⑪ 禁止将手脚放在或踏在车床的转动部分；在垂直导轨上拆装走刀箱、主轴箱等部件或在其下面工作时，必须将垂直导轨上的部件用吊车吊起，并用木块垫牢，防止这些部件下落伤人。

⑫ 拆下的工件及时清洗，涂防锈油并妥善保管，以防丢失。

⑬ 使用电动设备时，必须严格按照电动设备的安全操作规程操作。

⑭ 较重零部件搬运时，必须首先设计好方案，注意安全保护，做到万无一失；使用起重设备时，应遵守起重工的安全操作规程；使用电动或手摇吊车时，必须按照吊车的安全操作规程进行操作。

⑮ 试运转前要检查电源的接法是否正确，各部分的手柄、位置开关、撞块等是否灵敏可靠，传动系统的安全防护装置是否齐全，确认无误后，方可开机运行；机械运转时，人与机械之间必须保持一定的安全距离。

⑯ 拆装前、中、后的整个过程中应注意安全，工作完毕要做到"三清"，即场地清、设备清、工具清；必须保证拆装场地的干净整洁、卫生良好。

三、拆装准备

机械拆卸的目的是掌握装置的结构、工作原理等，便于检查和维修。拆装工艺过程包括拆装前的准备工作阶段，拆装工作阶段，装配后的检验、调整和试车阶段。其中拆装前的准备工作除拆装场地之外，还包括常用机床拆装工量具准备、图纸准备、拆装前的检查、制定拆装方案等。

（一）常用车床拆装工具

常用车床拆装工具包括活扳手、内六角扳手、梅花扳手、钩头扳手、轴用卡簧钳、孔用卡簧钳、螺丝刀、拉销器、三爪拉马、撬棍、吊装设备、螺钉旋具、紫铜棒、衬垫、冲子、套筒、木锤、手锤、大锤、套筒等。

1. 扳手

扳手是利用杠杆原理拧转螺栓、螺钉、螺母和其他螺纹紧持螺栓或螺母的开口或套孔固件的手工工具。扳手从应用角度可分为活络扳手和专用扳手。机床拆装过程中常用的扳手有活扳手、呆扳手、梅花扳手、两用扳手、锁紧扳手、套筒扳手、内六角扳手、指针式力矩扳手等。

① 活扳手。又叫活络扳手，是一种旋紧或拧松有角螺丝钉或螺母的工具。活络扳手的扳口夹持螺母时，呆扳唇在上，活扳唇在下，切不可反过来使用，如图2-9所示。

图2-9 活扳手

② 呆扳手。呆扳手是指一端或两端制有固定尺寸的开口，用于拧转一定尺寸的螺母或螺栓的扳手，如图2-10所示。

③ 梅花扳手。梅花扳手两端具有带六角孔或十二角孔的工作端，适用于工作空间狭小，不能使用普通扳手的场合，如图2-11所示。

④ 两用扳手。两用扳手的一端与单头呆扳手相同，另一端与梅花扳手相同，两端拧转相同规格的螺栓或螺母，如图2-12所示。

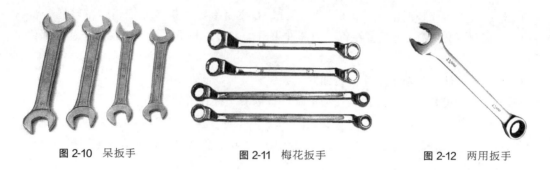

图 2-10　呆扳手　　　　图 2-11　梅花扳手　　　　图 2-12　两用扳手

⑤ 锁紧扳手。又称月牙形扳手、钩头扳手，用于拧转厚度受限制的扁螺母等，如图 2-13 所示。

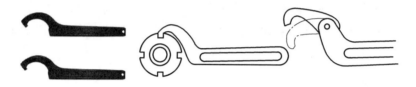

图 2-13　锁紧扳手

⑥ 套筒扳手。套筒扳手是由多个带六角孔或十二角孔的套筒并配有手柄、接杆等多种附件组成，特别适用于拧转空间十分狭小或凹陷很深处的螺栓或螺母，如图 2-14 所示。

⑦ 内六角扳手。成 L 形的六角棒状扳手，专用于拧转内六角螺钉。内六角扳手的型号是按照六方的对边尺寸来说的，螺栓的尺寸有国家标准，如图 2-15 所示。

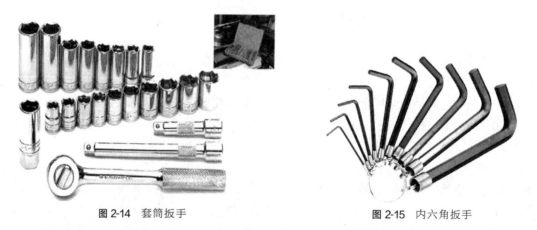

图 2-14　套筒扳手　　　　图 2-15　内六角扳手

⑧ 指针式力矩扳手。指针式力矩扳手用于要求严格控制拧紧力矩的重要螺纹连接的场合，如图 2-16 所示。

2. 卡簧钳

卡簧钳是一种用来安装内簧环和外簧环的专用工具，外形上属于尖嘴钳一类，钳头可采用内直、外直、内弯、外弯几种形式。卡簧钳分为外卡簧钳（轴用卡簧钳）和内卡簧钳（孔用卡簧钳）两大类，分别用来拆装轴外用卡簧和孔内用卡簧。各种卡簧钳如图 2-17 所示；轴用卡簧钳的使用如图 2-18 所示。

3. 螺钉旋具

用于装拆头部开槽的螺钉。常用的螺钉旋具有一字旋具（俗称螺丝刀）、十字旋具、快速旋具和弯头旋具，如图 2-19 所示。

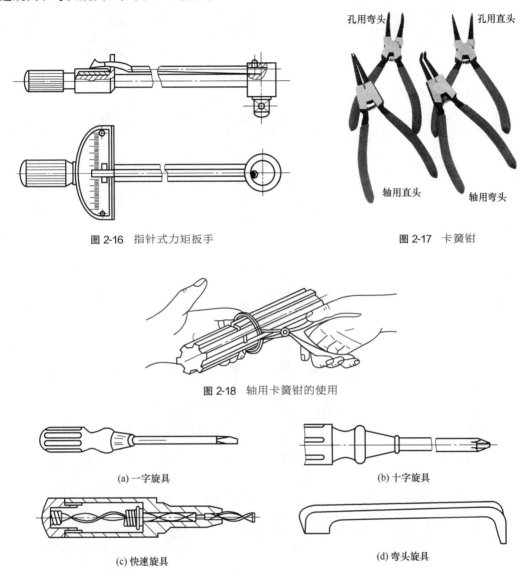

图 2-16　指针式力矩扳手

图 2-17　卡簧钳

图 2-18　轴用卡簧钳的使用

(a) 一字旋具　　(b) 十字旋具

(c) 快速旋具　　(d) 弯头旋具

图 2-19　螺钉旋具

4. 顶拔器

顶拔器用来将损坏的轴承从轴上沿轴向拆卸下来，主要由旋柄、螺旋杆和拉爪构成。它有两爪、三爪之分，主要尺寸为拉爪长度、拉爪间距、螺杆长度，以适应不同直径及不同轴向安装深度的轴承或齿轮。顶拔时将顶头的钩头钩住被顶零件，同时转动螺杆顶住轴端面中心，用力旋转螺杆转动手柄，即可将零件缓慢拉出。

顶拔类工具外形结构如图 2-20 所示，三爪拉马如图 2-21 所示。

5. 拔销工具

拔卸类工具包括拔销器、拔键器等，拔销器是用来拉出带内螺纹的轴或销的工具，如图

2-22 所示；拔键器是用来拆卸钩头楔键的工具，如图 2-23 所示。

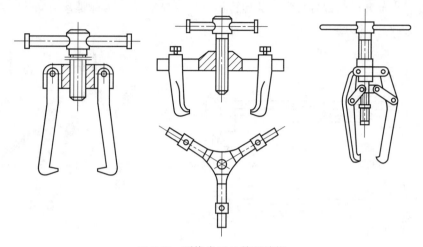

图 2-20 顶拔类工具外形结构

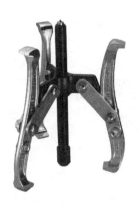

图 2-21 三爪拉马

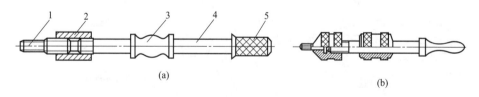

图 2-22 拔销器

1—可更换螺钉；2—固定螺钉套；3—作用力圈；4—拉杆；5—受力圈

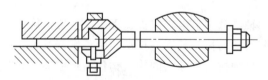

图 2-23 拔键器

6. 其他工具

手锤、撬棍、吊装装置（悬臂吊、行车）如图 2-24～图 2-27 所示。

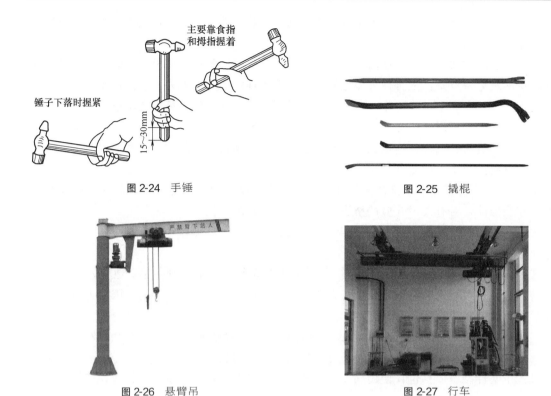

图 2-24 手锤　　　　　　　　图 2-25 撬棍

图 2-26 悬臂吊　　　　　　　图 2-27 行车

(二) 资料准备

掌握机床各部分零件的装配关系,能够熟读装配图,并在后续的拆装过程中,深入理解图纸。

如果技术资料不全,必须对拆卸过程有必要的记录,以便在安装时遵照"先拆后装"的原则重新装配。拆卸精密或结构复杂的部件,应画出装配草图或拆卸时做好标记,避免误装。

(三) 拆装前的准备

1. 拆装前的检查

任何机械必须进行拆前静态与动态性能检查,并在分析的基础上,制定初步的拆装方案后,才能进行零件拆卸。否则,盲目进行拆卸,只会事倍功半,导致设备精度下降,或者损坏零部件,引起新的故障发生。

拆前检查主要是通过检查机械设备静态与动态下的状况,弄清设备的精度丧失程度和机能损坏程度,具体存在的问题及潜在的问题都要进行整理登记。

机械设备的精度状态主要是指设备运动部件主要几何精度的精确程度。对于金属切削机床来说,它反映了设备的加工性能。对于机械作业性质的设备,主要反映了机件的磨损程度。

机械设备的机能状态是指设备能完成各种功能动作的状态。它主要包括以下内容:传动系统是否运转正常、变速齐全;操作系统动作是否灵敏可靠;润滑系统是否装置齐全、管道完整、油路畅通;电气系统是否运行可靠、性能灵敏;滑动部位是否运转正常、各滑动部位有无严重的拉、研、碰伤及裂纹损坏等。

2. 制定拆装方案

根据检查情况,确定拆装工艺方案。拆装工艺方案的选择主要是指按所拆卸设备的结构、零件大小、制造精度、生产批量等因素,选择拆装工艺的方法、拆装的组织形式及拆装的机械化自动化程度。

常用的装配方法有完全互换法、不完全互换法、分组选配法、调整法及修配法。其中完全互换法的工艺特点是:配合件公差之和小于或等于规定的装配允差;装配操作简单,便于组织流水作业,有利于维修工作。完全互换法适用于对零件的加工精度要求较高、零件数较少、批量小、零件可用经济加工精度制造的产品或虽零件数较多、批量较大,但装配精度要求不高者,如机床、汽车、拖拉机、中小型柴油机和缝纫机等产品中的一些部件装配。

(1) 编制拆装工艺的原则

① 进入装配的零件必须符合清洁度要求,并注意储存期限和防锈。过盈配合或单配的零件,在装配前,对有关尺寸应严格进行复检,并打好配对记号。

② 按产品结构、装配设备和场地条件,安排先后进入装配作业场地的零、部件顺序,使作业场地保持整洁有序。

③ 选择合适的装配基件,基件的外形和质量在所有零、部件中占主要地位,并有较多的公共接合面。大型基件,如机床床身,要注意其就位时的水平度,要防止因重力或紧固产生变形而影响装配精度。

④ 确定拆装的先后次序应有利于保证装配精度。一般是先下后上,先内后外,先难后易,先重大后轻小,先精密后一般;另外,处于同方位的装配作业应集中安排,避免或减少装配过程中基件翻身或移位;使用同一工艺装备,或要求在特殊环境中的作业,应尽可能集中,以免重复安装或来回运输。

⑤ 按设备或零、部件的技术要求,选择合适的工艺和设备。例如:对过盈连接选用压配法还是温差配合法,并确定其技术参数;调整、修配工作要选定合适的环节;形位误差校正如何找正,如何调节;不仅要达到装配精度,更应争取最大的精度储备,延长产品的使用寿命。

⑥ 通常拆装区域不宜安装切削加工设备,对不可避免的配钻、配铰或配刮等装配工序,要及时清理切屑,保持场地清洁。

⑦ 精密仪器、轴承及机床拆装时,拆装区域除不应产生切屑和尘埃外,还要考虑温度、湿度、清洁度、隔振等要求。对形位精度要求很高的重大关键件,要使用超慢速的吊装设备;对重型产品,如挖掘机等的搬运、移动,装配区域要考虑耐压、耐磨等要求。

⑧ 推广和发展新工艺新技术,积极开展新工艺试验,使装配工艺规程技术先进,经济合理。

(2) 拆装工艺规程编制程序

① 了解制定拆装工艺规程的原始资料、产品的装配图和零件图以及该产品的性能、特点、用途、使用环境等,认识各部件在产品中的位置和作用,找出装配过程中的关键技术。制定拆装工艺规程的原始资料,主要是产品图样及其技术要求;生产纲领、生产类型;目前机械制造水平和人文环境等。

② 在充分理解产品设计的基础上,审查其结构的拆装工艺性。对拆装工艺不利的结构应提出改进意见,尤其是在机械化、自动化装配程度较高时,显得更为重要。

③ 根据生产纲领、生产类型和经济条件,确定投入批量(单品种大量生产除外)和拆装工艺原则。例如:拆装生产的组织形式,产品关键部位的拆装方法,拆装设备,零、部件的储存和传送方法,拆装设备,拆装作业的机械化、自动化程度;装配基础件的确定等。

④ 将产品全部零、部件，按既定的拆装工艺原则组合装配单元，编制拆装工艺流程图。

⑤ 按装配工艺流程图设计产品的拆装全过程（含各种检验），编制拆装工序综合卡，并进行修正和完善。

四、典型零件的拆装

机械零件常用的拆卸方法有击卸法、拉拔法、顶压法、温差法和破坏法等。

击卸法是指利用锤子或其他重物在敲击或撞击零件时产生的冲击能量把零件拆卸。对精度较高不允许敲击或无法用击卸法拆卸的零部件应使用拉拔法，常采用专门拉拨器进行拆卸。顶压法是利用螺旋C形夹头、机械式压力机、液压压力机或千斤顶等工具和设备进行拆卸，适用简单的过盈配合件。

各种击卸法如图2-28～图2-32所示，轴的拉卸如图2-33所示。

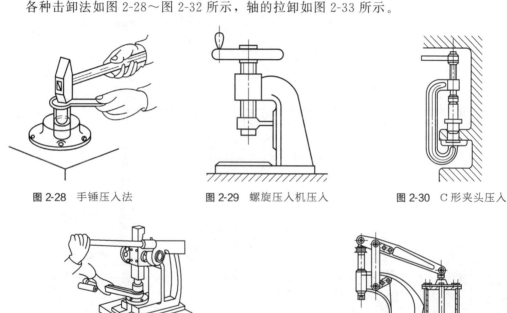

图2-28 手锤压入法　　　图2-29 螺旋压入机压入　　　图2-30 C形夹头压入

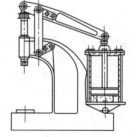

图2-31 齿条压力机压入　　　图2-32 气动杠杆压力机压入

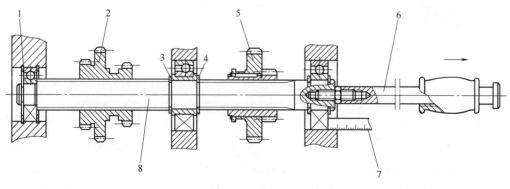

图2-33 轴的拉卸

1—轴承；2,5—齿轮；3,4—弹性挡圈；6—拔销器；7—直尺；8—轴

温差法用于拆卸尺寸较大、配合过盈量较大或无法用机械、顶压等方法拆卸时，或为使过盈较大、精度较高的配合件容易拆卸，可用此方法。破坏法用于必须拆卸焊接、铆接等固定连接件，或轴与轴套互相咬死，或为保存主件而破坏副件时，可采用车、锯、钻、割等方法进行破坏性拆卸。

具体车床常见零件拆卸方法如下。

（一）键

键连接是一种可拆连接，按结构特点和工作原理可分为平键、半圆键、楔键、花键、元宝键等类型，如图 2-34～图 2-37 所示。

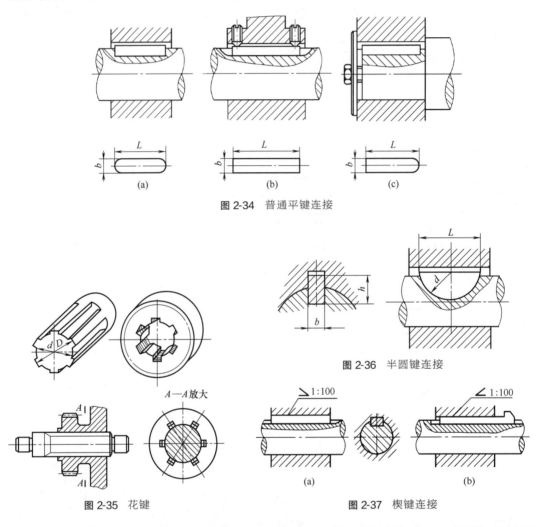

图 2-34 普通平键连接

图 2-36 半圆键连接

图 2-35 花键

图 2-37 楔键连接

对于一般键连接，可直接将键从键槽中取出。对于钩头键的拆卸方法，如图 2-38 所示。

当不便使用上述工具进行拆卸时，可采用工艺螺孔，借助螺钉进行顶卸，如图 2-39 所示。

平键和轴槽装配时，应在配合面上加注机械油，将平键安装于轴的键槽中，用放有软钳口的台虎钳夹紧或用铜棒敲击，把平键压入轴槽内，并与槽底紧贴，如图 2-40 所示。测量平键装入高度，测量孔与槽的上极限尺寸，装入平键后的高度尺寸应小于孔内键槽尺寸，公差允许在 0.3～0.5mm 范围内，如图 2-41 所示。

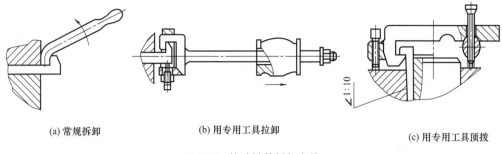

(a) 常规拆卸　　　　(b) 用专用工具拉卸　　　　(c) 用专用工具顶拨

图 2-38　钩头键的拆卸方法

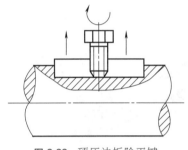

图 2-39　顶压法拆除平键

图 2-40　平键压入轴槽内

楔键的形状与平键有些不同，顶面有 1∶100 的斜度，与配件的槽底面相接触，键侧面与键槽有一定的间隙，楔键连接如图 2-42 所示。

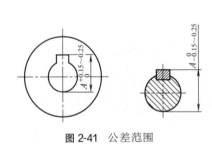

图 2-41　公差范围

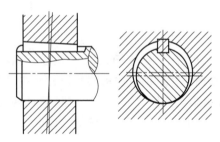

图 2-42　楔键连接

装配时，将楔键敲入而成紧键连接，以传递转矩和承受单向轴向力不高的传动。楔键连接的装配步骤和方法见表 2-1。

表 2-1　楔键连接的装配步骤和方法

装配步骤	装配方法
锉配键宽	使键侧面与键槽之间保持一定的间隙
检查键与键槽的配合	①将轴上配件的键槽与轴上键槽对正，在楔键的斜面上涂色后敲入键槽内，根据接触斑点来判断斜度接触是否良好 ②用锉削或刮削法修整，使键与键槽的上下接合面紧密贴合
装配楔键	清洗楔键和键槽，将楔键涂油后敲入键槽中

花键的装配分静连接花键装配和动连接花键装配。静连接花键装配套件应在花键轴上固定，故有少量过盈，装配时可用铜棒轻轻敲入，但不得过紧，以防拉伤配合表面；过盈量较大时，应将套件加热至 80～120℃ 后进行热装。动连接花键装配套件在花键轴上可以自由滑

动,没有阻滞现象,但间隙应适当,用手摆动套件时,不应感觉有明显的周向间隙。

车床启动频繁,轴Ⅰ与带轮的花键连接部分容易产生挤压变形,使花键配合松动,引起启动时的冲击。在拆装过程中(注意检修),若轴Ⅰ轴端花键部分磨损不大,尚可使用,这时只需更换一个花键法兰与之配合即可;若轴端花键部分磨损严重,就应更换轴Ⅰ。

轴Ⅰ的构造如图2-43所示。

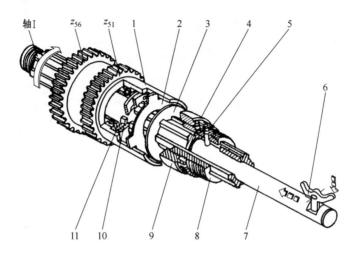

图2-43 轴Ⅰ的构造

1—齿轮;2—外摩擦片;3—内摩擦片;4—弹簧销;5—销子;
6—元宝键;7—推拉杆;8—压块;9—螺母;10,11—止推片

(二)销

销可分为圆柱销、圆锥销及异形销(如轴销、开口销、槽销等)三种。常见销的连接形式如图2-44所示,螺尾圆柱销如图2-45所示,内螺纹圆锥销如图2-46所示。

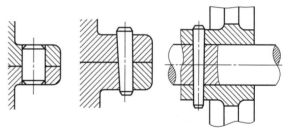

图2-44 常见销的连接形式

拆卸销连接时,可用冲子或者木锤等从小头打出销钉。对于带有外螺纹的圆锥销,可用螺母旋出,如图2-47所示;在拆卸带内螺纹的圆锥销时,可用拔销器拔出,如图2-48所示。

在去除定位的零件后,圆柱销钉常留在主体上,如果没有必要,可不拆卸;必须拆下时,可用尖嘴钳拔出。

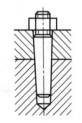 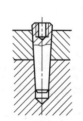 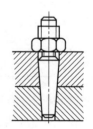

图2-45 螺尾圆柱销　　图2-46 内螺纹圆锥销　　图2-47 螺母旋出圆锥销

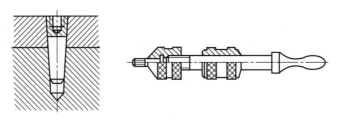

图 2-48 拔销器拔出圆锥销

装配圆柱销和圆锥销时，销孔均需配铰。装配圆柱销时，其销孔应先涂润滑油，然后用铜棒垫好把销钉打入孔中（图 2-49）；对某些定位销，不能用打入法，可用 C 形夹头把销压入孔内（图 2-50）。注意：不可用力过大，以免将销钉头打坏、翻帽，要严格控制配合精度，过盈配合的圆柱销一旦拆卸失去过盈，则需更换。圆柱销不宜多次装拆，否则将降低定位精度和连接的可靠性。

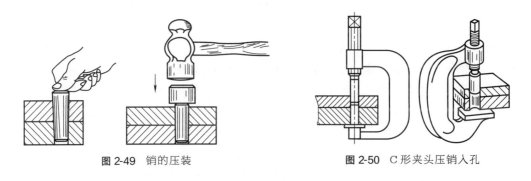

图 2-49 销的压装　　　　图 2-50 C 形夹头压销入孔

装配圆锥销钉时，一般以销钉能自由插入锥孔的长度是销钉长度的 80% 为宜，打入后锥销小头稍露出被连接件的表面，以便于拆装。往盲孔中打入销钉时，销上必须钻一通气销孔或在侧面开一微槽，以供放气用。如果销孔损坏或磨损严重，可重新钻铰尺寸较大的销孔，更换相适应的新销。

（三）滚动轴承

普通卧式车床上的轴承为滚动轴承，主要包括单列深沟球轴承、圆锥滚子轴承、推力球轴承、角接触轴承和双列圆柱滚子轴承。

滚动轴承的装配工艺包括装配前的工具准备、零件清洗、检查，正确的装配和间隙调整的步骤。为便于拆卸，设计机械结构时应满足要求，具体如图 2-51 所示。

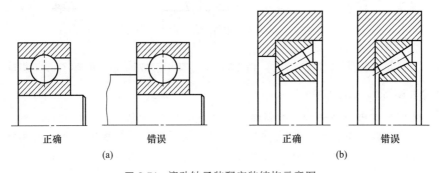

图 2-51 滚动轴承装配安装结构示意图

1. 圆柱滚动轴承装配

滚动轴承拆装时，除按过盈连接件的拆装要点进行外，还应注意尽量不用滚动体传递力。对于小尺寸的轴承，一般可用压力直接将轴承的内圈压入轴颈，如图 2-52、图 2-53 所示。

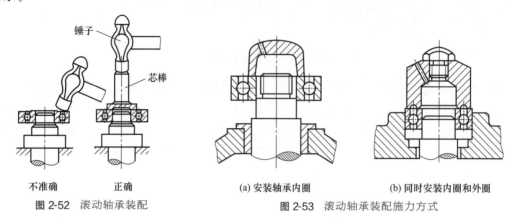

图 2-52 滚动轴承装配　　　　图 2-53 滚动轴承装配施力方式

装配时要注意导正，防止轴承歪斜，否则不仅装配困难，而且会产生压痕，使轴和轴承过早损坏。轴承外圈与轴承座孔为紧配合，内圈与轴为较松配合，对于这种轴承的装配，首先，采用外径略小于轴承座孔直径的套管，将轴承先压入轴承座孔，然后再装轴。

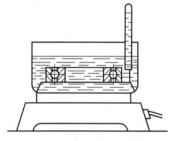

图 2-54 滚动轴承加热示意图

对于尺寸较大的轴承，可先将轴承放在温度为 80～100℃ 的热油中加热，使内孔胀大，然后用压力机装在轴颈上，如图 2-54 所示。

拆卸轴承时应使用专用工具，或根据情况自制工具进行拆卸；拆卸轴末端的轴承时，可用小于轴承内径的铜棒或软金属、木棒抵住轴端，在轴承下面放置垫铁，再用手锤敲击；注意施力部位，如图 2-55～图 2-57 所示。

在拆卸轴承中，有时还会遇到轴承与相邻零件的空间较小的情况，这时要选用薄些的卡爪，不用环形件而将卡爪直接作用在轴圈上。

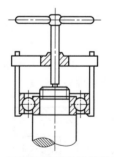 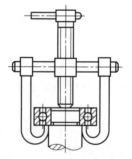 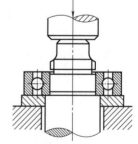

图 2-55 不正确的滚动轴承拆卸方法　　图 2-56 拆卸器拆卸轴承　　图 2-57 压力机拆卸轴承

2. 圆锥孔滚动轴承的装配

圆锥孔滚动轴承可直接装在带有锥度的轴颈上，或装在退卸套和紧定套的锥面上。这种轴承一般要求有比较紧的配合，但这种配合不是由轴颈尺寸公差决定，而是由轴颈压进锥形配合面的深度而定。配合的松紧程度，靠在装配过程中跟踪测量径向游隙而把握。对不可分离型的滚动轴承的径向游隙可用厚薄规测量。对可分离的圆柱滚子轴承，可用外径千分尺测量内圈装在轴上后的膨胀量,用其代替径向游隙减小量。图 2-58、图 2-59 给出了圆锥孔轴承的两种不同装配形式。

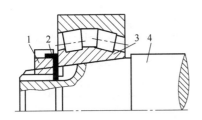

图 2-58 圆锥孔滚动轴承直接装在锥形轴颈上
1—螺母；2—锁片；3—轴承；4—轴

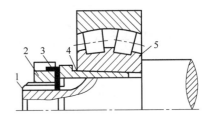

图 2-59 有退卸套的圆锥孔轴承的装配
1—轴；2—螺母；3—锁片；4—退卸套；5—轴承

3. 推力球轴承的装配

推力球轴承有松环和紧环之分,装配时要注意区分。松环的内孔比紧环内孔大,与轴配合有间隙,能与轴相对转动；紧环与轴取较紧的配合,与轴相对静止。装配时一定要使紧环靠在转动零件的平面上,松环靠在静止零件的平面上。否则不仅会使滚动体丧失作用,同时也会加快紧环与零件接触面间磨损。推力球轴承装配图如图 2-60 所示。

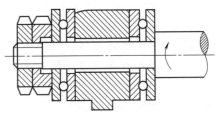

图 2-60 推力球轴承装配图

4. 滚动轴承游隙的调整

滚动轴承的游隙有两种:一种是径向游隙；另一种是轴向游隙。按轴承结构和游隙调整方式不同,轴承可分为调整式和非调整式。对于游隙可调整的滚动轴承,轴承的游隙确定后,即可进行调整。垫片调整法、螺钉调整法、止推环调整法就是常用的轴向游隙调整法,如图 2-61 所示。

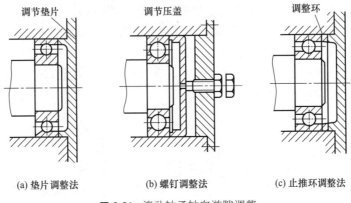

(a) 垫片调整法 (b) 螺钉调整法 (c) 止推环调整法

图 2-61 滚动轴承轴向游隙调整

(四) 齿轮

1. 拆装

车床上含有大量齿轮,齿轮的拆装应采用正确的方法。圆柱齿轮的装配一般分两步进行:先将齿轮装在轴上,再把齿轮轴组件装入箱体。

在轴上固定的齿轮,与轴的配合多为过渡配合,有少量过盈以保证孔与轴的同轴度。当过盈量不大时,可采用手工工具压入；当过盈量较大时,可采用压力机压装；过盈量很大时,则需采用温差法（通过加热齿轮或冷却轴颈）或液压套合法压装。齿轮压装法如图 2-62、图 2-63 所示。

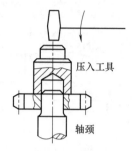

图 2-62 锤击装配齿轮

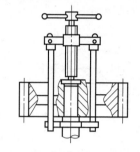

图 2-63 专用工具压装齿轮

压装时应尽量避免齿轮偏心、歪斜和端面未靠紧轴肩等安装误差，如图 2-64 所示。

2. 检验

齿轮轴组件装入箱体是保证齿轮啮合质量的关键。因此在装配前，除对齿轮、轴及其他零件的精度进行认真检查外，对箱体的相关表面和尺寸也必须进行检查，检查的内容一般包括孔中心距、各孔轴线的平行度、轴线与基面的平行度、孔轴线与端面的垂直度以及孔轴线间的同轴度等。检查无误后，再将齿轮轴组件按图样要求装入齿轮箱内。

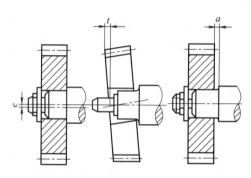

(a) 径向圆跳动误差　(b) 端面圆跳动误差　(c) 未靠紧轴肩误差

图 2-64 齿轮在轴上的安装误差

装配质量检查：齿轮组件装入箱体后，其啮合质量主要通过齿轮副中心距偏差、齿侧间隙、接触精度等进行检查，对于转速较高的大齿轮，装配到轴后做动平衡检查等。

精度要求较高的齿轮与轴的装配，齿轮装配后，需对其装配精度进行严格检查，检查方法主要是直接观察法、齿轮径向圆跳动的检查、齿轮轴向圆跳动的检查。

将装配后的齿轮轴通过两个 V 形架支承放置在平板上，调整轴与平板平行。把圆柱规放到齿轮槽内，将百分表测头抵住圆柱规的最高点，测出百分表的读数值；然后转动齿轮，每隔 3 或 4 个齿做一次检查，转动齿轮一周后，百分表的最大读数与最小读数之差，即为齿轮分度圆的径向圆跳动误差，如图 2-65 所示。

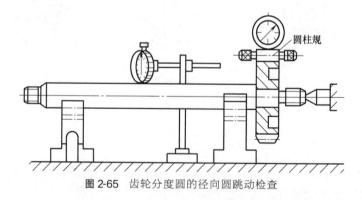

图 2-65 齿轮分度圆的径向圆跳动检查

将齿轮轴通过两顶尖支顶放置在平板上，将百分表测头抵在齿轮的端面外缘处，然后转动齿轮一周，百分表最大读数与最小读数之差，即为齿轮轴向圆跳动误差，如图 2-66 所示。

齿轮之间要有一定的啮合间隙,用来储存润滑油、补偿齿轮尺寸加工误差和中心距装配误差,同时补偿齿轮和齿轮箱在工作时的热变形和弹性变形。齿轮啮合情况如图 2-67 所示。

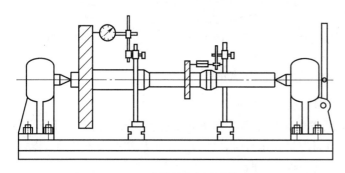

图 2-66 齿轮轴向圆跳动检查

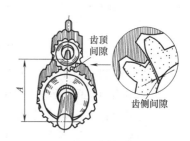

图 2-67 齿轮啮合

啮合间隙测量方法有塞尺法、千分表法、压铅法。塞尺法是用塞尺直接测量啮合间隙。千分表法是用千分表间接测量出齿轮侧隙,如图 2-68 所示。

测量时,将一个齿轮固定,在另一个齿轮上装上夹紧杆 1。由于侧隙存在,装有夹紧杆的齿轮便可摆动一定角度,在百分表 2 上得到读数 C,则此时齿侧间隙 C_n 为

$$C_n = \frac{CR}{L} \quad (2-1)$$

式中 C——百分表的读数,mm;
  R——装夹紧杆齿轮的分度圆半径,mm;
  L——夹紧杆长度,mm。

也可将百分表直接抵在一个齿轮的齿面上,另一齿轮固定。将接触百分表触头的齿从一侧啮合迅速转到另一侧啮合,百分表上的读数差值即为齿侧间隙。

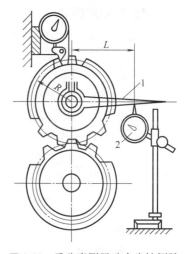

图 2-68 千分表测量啮合齿轮侧隙
1—夹紧杆;2—百分表

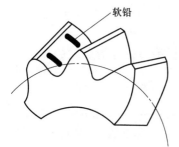

图 2-69 压铅法测量顶隙和侧隙

压铅法是通过测量齿轮啮合滚压放置在齿轮上的铅丝进而确定啮合间隙的方法。在齿轮面沿齿长两端并垂直于齿长方向放置两条铅丝,宽齿放 3~4 条。经滚动齿轮挤压后,测量铅丝最薄处的厚度,即为齿轮副的侧隙,如图 2-69 所示。

相互啮合的两齿轮的接触斑点是用涂色法来检验的。轮齿上印痕(接触斑点)的分布面积:在齿高上一般为总面积的 30%~50%,在齿宽上一般为总面积的 40%~70%(依齿轮的精度而定),通过涂色检验,还可以判断装配时产生误差的原因。用涂色法检查齿轮啮合情况如图 2-70 所示。

① 柱齿轮正确啮合时,即中心距与啮合间隙正确,则其接触斑点的位置必须均匀地分布在节线的上下。接触斑点的大小应符合齿轮传动公差的规定。

② 中心距过大,则啮合间隙就会增大,接触斑点的位置偏向齿顶,因而齿轮在运转时将会发生冲击和旋转不均匀的现象,并使磨损加快。

③ 中心距过小,则啮合间隙就会减小,接触斑点的位置偏向齿根,因而齿轮在运转时

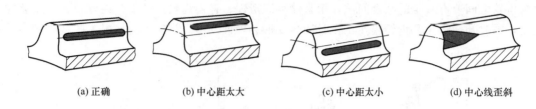

图 2-70　用涂色法检查齿轮啮合情况

将会发生咬住和润滑不良的现象，同时也会加快磨损。

④ 两齿轮中心距正确，但中心线发生歪斜，则啮合间隙在整个齿长方向上是不均匀的，啮合接触位置就会偏向齿的端部，因而齿轮在运转时，也会发生咬住和润滑不良的现象，同时齿轮轮齿也会因局部受力而很快地被磨损或折断。

（五）螺纹

1. 螺纹连接的预紧

螺纹连接预紧的目的：增强连接的紧密性、可靠性，防止受载后被连接件之间出现间隙或发生相对滑移，如图 2-71 所示。

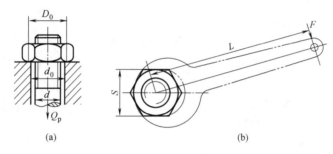

图 2-71　螺纹预紧

2. 螺纹连接的防松

螺纹连接防松的本质就是防止螺纹副的相对转动，也就是螺栓与螺母间（内螺纹与外螺纹之间）的相对转动。螺纹防松方法如图 2-72 所示。

3. 螺纹的拆卸

拆卸螺纹连接件时，要注意选用合适的工具，尽量不用活扳手。在弄清螺纹的旋向之后，按螺纹相反的方向旋转即可拆下。

（1）锈蚀螺纹的拆卸方法

① 用煤油润湿或者浸泡螺纹连接处，然后轻击振动四周，再行旋出。不能使用煤油的螺纹连接，可以用敲击振松锈层的方法。

② 可以先旋紧 1/4 圈，再退出来，反复松紧，逐步旋出。

③ 采用气割或锯断的方法拆卸锈蚀螺纹。

（2）断头螺纹的拆卸方法

① 螺钉断头有一部分露在外面，可以在断头上用钢锯锯出沟槽或加焊一个螺母，然后用工具将其旋出。断头螺钉较粗时，可以用錾子沿圆周剔出。

② 螺钉断在螺孔里面可以在螺钉中心钻孔，打入多角淬火钢杆将螺钉旋出。也可以在钉中心钻孔，攻反向螺纹，拧入反向螺钉将断头螺钉旋出。

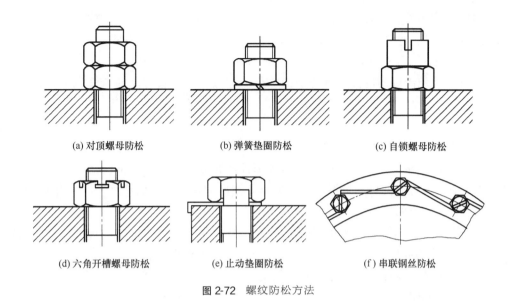

图 2-72 螺纹防松方法

五、零件清洗与更换

(一) 零件清洗

零件清洗是指采取一定技术措施除去零件表面呈机械附着状态的污染物的工艺过程。根据不同零件和不同的需要，零件清洗包括清除油污、水垢、积炭、锈层、旧漆层等。

1. 清洗零件的要求

① 在清洗溶液中，对全部拆卸件都应进行清洗。彻底清除表面上的脏物，检查其磨损痕迹、表面裂纹和砸伤缺陷等。通过清洗，结合机械零件修护的原则决定零件的再用或修换。

② 必须重视再用零件或新换件的清理，要清除由于零件在使用中或者加工中产生的毛刺。例如，滑移齿轮的圆倒角部分，轴类零件的螺纹部分，孔轴滑动配合件的孔口部分都必须清理掉零件上的毛刺、飞边。这样才有利于装配工作与零件功能的正常发挥。零件清理工作必须在清洗过程中进行。

③ 零件清洗并且干燥后，必须涂上机油，防止零件生锈。若用化学碱性溶液清洗零件，洗涤后还必须用热水冲洗，防止零件表面腐蚀。精密零件和铝合金件不宜采用碱性溶液清洗。

④ 清洗设备的各类箱体时，必须清除箱内残存磨屑、漆片、灰砂、油污等。要检查润滑过滤器是否有破损、漏洞，以便修补或更换。对于油标表面，除清洗外，还要进行研磨抛光，提高其透明度。

2. 清洗剂的选择

车床类零件清洗主要是油污清洗。常用的清洗液有有机溶剂、碱性溶液、化学清洗液等。清洗剂的评价要素主要是去污力强、安全可靠、价格低廉、质量稳定、环保性能好等。煤油或轻柴油在清洗零件中应用较广泛，能清除一般油脂，无论铸件、钢件或有色金属件都可清洗。使用比较安全，但挥发性较差。对于精密零件，最好使用含有添加剂的专用汽油进行清洗。

3. 清洗方法

常用清洗方法有擦洗、煮洗、喷洗、振动清洗、超声波清洗、压力喷洗等，其中压力喷洗、超声波清洗多用于机械制造车间的生产线上，该类设备一般还有加热装置，结构上较复杂。

① 擦洗。将零件放入装有柴油、煤油或其他清洗液的容器中，用棉纱擦洗或毛刷刷洗。这种方法设备简单、操作简便，但效率低，适用于单件、小批的中小型零件。一般情况下不宜采用汽油擦洗，因其有溶脂性，会损害人的身体，且易造成火灾。

② 煮洗。将配制好的溶液和被清洗的零件一起放入用钢板焊制的清洗池中，在池的下部设有加温用的炉灶，对零件进行煮洗，煮洗时间可根据油污程度而定。

③ 喷洗。将具有一定压力和温度的清洗液喷射到零件表面，以清除油污。此方法清洗效果好，生产效率高，但设备复杂，适用于零件形状不太复杂、表面有严重油垢的情况。

④ 振动清洗。振动清洗是将被清洗的零部件放在振动清洗机的清洗篮或清洗架上，浸没在清洗液中，通过清洗机产生振动来模拟人工漂刷动作，并与清洗液的化学作用相配合，以达到去除油污的目的。

⑤ 超声波清洗。超声波清洗是将被清洗零件放在超声波清洗缸的清洗液中，由超声波"空化作用"形成的高压冲动波，使零件表面的油膜、污垢迅速剥离，与此同时，超声波使清洗溶液产生振荡、搅拌、发热并使油污乳化，以达到去污的目的。

（二）零件的修复

1. 电镀修复法

用电镀法修复零件时，一般为镀铬或镀铁，以镀硬铬应用最为广泛。在磨损零件用电镀法修复时，不仅能恢复磨损零件的尺寸，还能改善零件的表面性能，如提高硬度、耐磨性、耐腐蚀性和改善润滑条件等。但电镀法生产过程较长，且镀铬层较脆，受冲击的零件不宜用镀铬法修复。

为了保证镀层的质量和接合强度，电镀前应对零件进行磨削和除油。对零件磨损的部位进行磨削加工，可以消除不均匀的损伤，恢复零件表面的正确几何形状，使镀层表面光滑均匀。如果不能磨削加工时，可用细砂布打光来代替磨削。电镀后要检查镀层质量，主要检查镀层有无裂纹、斑点和镀层与零件表面的接合情况。合格后，按零件的技术要求进行磨削加工，磨削工艺与磨削淬火零件相同，磨削时要加充足的冷却液。

2. 涂覆修复法

涂覆修复法是将非自熔金属合金或尼龙塑料的丝或粉末，利用氧-乙炔火焰或电弧熔化并吹成雾状，向零件磨损部位喷射，使之沉积在处理过的零件表面成为涂层。这种方法多用于轴和轴颈的修复，也可以用来修复导轨、青铜轴承等。喷涂后零件表面具有强度高、韧性好、耐高压、耐磨性好等优良的力学性能，并具有耐油、耐腐蚀等优点，通常用于修复80℃以下工作的轴、轴承、活塞、叶轮、机床镶条、压板等零件。不能用这种方法修复在高速、高温条件下工作的零件。

3. 焊接修复法

零件磨损或局部断裂时，可用堆焊或焊接的方法进行修复。通过振动电堆焊可以在零件磨损表面加焊耐磨涂层，是零件修复中广泛应用的方法。振动堆焊法可以对主轴、花键轴、齿轮等零件进行修复，但一般中小型工厂不具备振动电堆焊修复能力；修复断裂损坏的碳素钢、合金钢、铸铁和有色金属及其合金制成的零件常用气焊或手工电弧焊。焊修前，应对零件焊修部位进行清洗和清理，去除油污；电焊修复时，厚壁处要开坡口。为防止零件因焊接变形（尤其是铸铁零件），焊修前应进行预热处理、焊接过程中保温和焊后热处理退火等方法，以取得较好的焊接或补焊质量。

4. 粘接修复法

粘接修复法是利用粘接剂对零件的磨损、缺陷部位进行修补，对轴、套、拨叉等零件断裂处进行修复的方法。粘接修复法的粘接强度大，能粘接各种金属、非金属材料，并能粘接两种不同材质的零件；粘接时温度低，不会引起工件变形；工艺简便，密封性好，且耐油、耐水、耐酸碱腐蚀。但粘接处不耐高温，抗冲击能力差，耐老化性差，影响长期使用。

5. 锉削

用锉刀对工件表面进行切削的加工方法称为锉削。锉削一般是在錾、锯割之后对工件进行精度较高的加工，其精度可达 0.01mm，表面粗糙度可达 $Ra0.8\mu m$。锉削的应用范围较广，可以锉削工件的内、外表面及各种沟槽，如平键、周端面等。

6. 刮削

刮削是指利用刮刀刮去工件表面金属薄层的加工方法。刮削的特点：切削量小、切削力小、切削热少、切削变形小，能获得很高的尺寸精度、形位精度、接触精度、传动精度和很小的表面粗糙度。刮削后的表面，形成微浅凹坑，创造了良好的储油条件，有利于润滑、减小摩擦。机床导轨、滑板、滑座、轴瓦等的接触表面常用刮削的方法进行加工。刮削工作的劳动强度大，生产率较低，刮削加工主要的工具有刮刀、校准工具（校准平板、校准直尺等）及显示剂（红丹粉或蓝油）等。

7. 矫正与弯形

① 矫正。消除金属材料或工件不直或不应有的翘曲等缺陷的操作方法称为矫正。手工矫正常用的工具有平板和铁砧、手锤、螺旋压力机。机械维修时，常利用螺旋压力机矫正轴类零件的弯曲。

② 弯形。将坯料弯成所需形状的操作称为弯形。常用于板料、管料或较细的棒料的加工，机械维修是很少使用。

8. 孔的修复

① 钻孔。钻头在实体材料上加工孔的方法称为钻孔。钻削时钻头是在半封闭的状态下进行切削的，转速高，切削量大，排屑困难，摩擦严重，钻头易抖动，加工精度低，一般尺寸精度只能达到IT11～IT10，表面粗糙度 Ra 值只能达到 50～12.5μm。麻花钻是目前孔加工中应用最广泛的刀具。它主要用来在实体材料上钻削直径为 0.1～80mm 的孔。

② 扩孔。用扩孔钻对工件上原有的孔进行扩大加工的方法称为扩孔。其特点是：扩孔钻无横刃、背吃刀量小、扩孔钻强度高、扩孔加工质量较高（IT10～IT9，Ra 值为 12.5～3.2μm）。

③ 铰孔。用铰刀从工件孔壁上切除微量金属层，以获得较高尺寸精度和较小表面粗糙度值的方法称为铰孔。一般尺寸精度可达 IT9～IT7 级，表面粗糙度 Ra 值可达 3.2～0.8μm。

9. 螺纹的修复

利用丝锥或板牙进行螺纹修复，包括攻螺纹和套丝。

① 攻螺纹。利用丝锥在孔中加工内螺纹的操作称为攻螺纹，主要工具是丝锥和铰杠。

② 套丝。利用板牙在圆杆或圆管上加工出外螺纹的操作称为套丝，主要工具是板牙和板牙架。

（三）零件更换

设备拆卸以后，零件经过清洗，必须及时进行检查，以确定磨损零件是否需要修换。如果修换不当，使不能继续使用的零件没有及时修换，就会影响机械设备使用功能及性能的正常发挥,并且要增加维修工作量。如果可用零件被提前修换,就会造成浪费,提高修理费用。

设备磨损零件在保证设备精度的条件下,应尽量修复,避免更换。零件是否修复,要根据下列原则确定。

① 修理的经济。在判断修复旧件和更换新件的经济性时,必须以两者的费用与使用期限的比值来比较,即以零件修复费用与修复后的使用期限的比值与新件费用与使用期限的比值来比较,比值小为经济合理。

② 修复后要能恢复零件的原有技术要求、尺寸公差、形位公差和表面粗糙度等。

③ 修理后的零件还必须保持或恢复足够的强度和刚度。

④ 修理后要考虑零件的耐用度,至少要能够维持到下次修理。

⑤ 现有的修理工艺技术水平,直接影响修理方法的选择和确定是否更换。

⑥ 一般零件的修理周期,应比重新制作的周期要短,否则,就要考虑更换。

六、车床箱体拆卸

(一) 弄清构造和原理,确定拆卸顺序

首先应对机床的结构和传动系统详细了解,弄清所拆部位的结构特点、工作原理、性能、装配关系,做到心中有数,不能粗心大意、盲目乱拆。对不清楚的结构,应查阅图纸资料,搞清楚装配关系、配合性质等。了解各零部件的连接方式,从装拆的角度看,零件的连接方式有永久性、半永久性、活动和可拆卸连接四种,同时确定拆卸次序。在前面的基础上,确定机器的拆卸步骤,先拆后装,同时应该坚持用多大力装配,就应该基本用多大力拆卸的原则,防止拆卸中将零件碰伤、拉毛甚至损坏,一般不允许出现破坏性拆装。

拆卸前应对车床的性能进行测试,包括检查静态与动态性能测试,例如对主轴箱的性能指标(如主轴圆跳动、端面圆跳动、圆度等)进行测试。此外,还要进行切削性能测试。准备工作做好后,才可进行拆卸分解。

普通卧式车床主要零部件的拆卸顺序如图 2-73 所示。

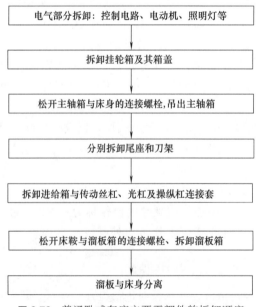

图 2-73 普通卧式车床主要零部件的拆卸顺序

（二）车床的解体
1. 挂轮箱拆卸

拆下挂轮架紧固螺母，拆下齿轮锁紧螺栓，断开主轴箱及进给箱各油路，拆下挂轮箱体上的连接螺栓，取下挂轮箱。CA6140 型普通卧式车床挂轮箱内部结构如图 2-74 所示。

图 2-74　CA6140 型普通卧式车床挂轮箱内部结构

2. 主轴箱的拆卸

将主轴箱与床身配合的螺栓全部拆下，再用悬臂吊将主轴箱从床身上拆卸下来。CA6140 型普通卧式车床主轴箱拆卸方法如图 2-75 所示，主要拆卸图中 1～6 螺栓。

(a) 主轴箱外部　　　　(b) 挂轮箱内部　　　　(c) 车床后部电控箱

图 2-75　CA6140 型普通卧式车床主轴箱拆卸方法

1～6—螺栓

拆卸时要坚持慎重、安全的原则。拆卸中要仔细检查螺钉、螺栓等零件是否拆开。吊挂时，必须粗估零件重心位置，合理选择直径适宜的吊挂绳索及吊挂受力点。注意受力平衡，防止零件摆晃，避免吊挂绳索脱开与折断等事故发生。

3. 刀架滑板的拆卸

使用拆卸工具把刀架滑板从机床上拆卸下来，拆卸方法如图 2-76 所示。

4. 尾座的拆卸

松开尾座下的两个大螺母，稍吊起尾座，并从导轨抽出，然后放置在拆装工作台上，如图 2-77 所示。

5. 丝杠、光杠、操纵杠的拆卸

丝杠、光杠、操纵杠左右两端的结构如图 2-78、图 2-79 所示。

① 丝杠拆卸。拆下三杠的支架，用内六角扳手卸下右端内螺栓1、4；有内螺纹的销2、3用拔销器拔出，用尖的冲头卸下左端圆锥销3；同时开合螺母闭合，并移动大滑板，从而可拆卸下丝杠。

图 2-76 刀架滑板的拆卸方法

1~4—螺母

图 2-77 尾座的拆卸方法

② 光杠拆卸。光杠拆卸方法与丝杠拆卸方法一致；因为通过光杠可实现工件车外圆与端面，所以在光杠上有一段很长的键槽，与键的配合带动齿轮，因此要注意键的拆卸。

③ 操纵杠拆卸。操纵杠的拆卸较前两者稍微有些困难，先卸左端螺钉1，接着打开车床右端电气开关盒，拧松里面与操纵杆相连的螺钉。

6. 进给箱的拆装

用扳手拆卸螺栓1、3、4、6，接着用拔销器拆卸有内螺纹的销子2、5，如图2-80所示。

图 2-78 丝杠、光杠、操作杠的左端

1—螺钉；2,3—圆锥销

图 2-79 丝杠、光杠、操作杠的右端

1,4—螺栓；2,3—销；5—螺钉

图 2-80 进给箱拆卸方法

1,3,4,6—螺栓；2,5—销

7. 溜板箱的拆卸

用拔销器拆卸定位销 2、5，用内六角扳手松开紧固螺钉 1、3、4、6、7，卸下溜板箱，如图 2-81 所示。

注意：拆卸前溜板箱要用起吊装置稍吊起，防止溜板拆卸过程中掉落。

图 2-81 溜板箱的拆卸方法

1,3,4,6,7—紧固螺钉；2,5—销

第三节　车床主轴箱的拆装

一、主轴箱基本组成

主轴箱中通常包含主轴及其轴承，传动机构，开动、停止以及换向装置，操纵机构和润滑机构等。拆卸图示箱盖上的 4 个内六角螺栓如图 2-82 所示；移走箱盖可观察主轴箱的内部结构，如图 2-83 所示。

由于受到结构的限制，箱体内各轴并不是都在一个水平面内，为了直观地表示主轴箱内各部件的传动关系，主轴箱通常以展开图的形式绘出。轴Ⅳ—Ⅰ—Ⅱ—Ⅲ（Ⅴ）—Ⅵ—Ⅺ—Ⅹ的轴线剖切面展开图如图 2-84 所示。CA6140 型普通卧式车床主轴箱的剖切面如图 2-85、图 2-86 所示。

由于展开图是把立体展开在一个平面上，因而其中有些轴之间的距离拉开了。由于轴Ⅳ

图 2-82 拆卸主轴箱箱盖

图 2-83 CA6140型普通卧式车床主轴箱内部结构实物

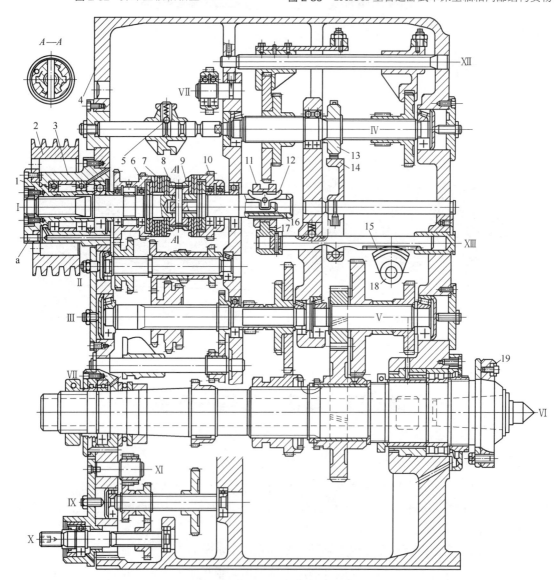

图 2-84 CA6140型卧式车床主轴箱展开图

1—花键套筒；2—带轮；3—法兰；4—主轴箱体；5—定位钢球；6—左空套齿轮；7—摩擦片；8—压块；9—调整螺母；10—右空套齿轮；11—滑套；12—元宝键；13—制动轮；14—制动杠杆；15—齿条；16—推拉杆；17—拨叉；18—扇形齿轮；19—端面键

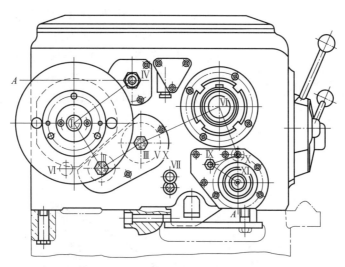

图 2-85　CA6140 型普通卧式车床主轴箱的剖切面（1）

与轴Ⅴ之间的距离较远，因而使原来相互啮合的齿轮副分开了。读展开图时，首先应弄清楚传动关系。

（一）卸荷带轮

从 CA6140 型普通卧式车床主轴箱展开图（图 2-84）可知，主动电机通过带传动使轴Ⅰ旋转，为提高轴Ⅰ旋转的平稳性，轴Ⅰ上的带轮采用卸荷结构。带轮 2 通过螺钉与花键套筒 1 连成一体，支撑在法兰 3 内的两个深沟球轴承上。法兰 3 则用螺钉固定在主轴箱体 4 上。当带轮 2 通过花键套筒 1 的内花键带动轴Ⅰ旋

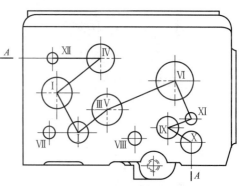

图 2-86　CA6140 型普通卧式车床主轴箱的剖切面（2）

转时，传动带作用于带轮上的拉力经花键套筒 1 通过两个深沟球轴承经法兰 3 传至主轴箱体 4，从而使轴Ⅰ只受转矩，而免受径向力作用，减少轴Ⅰ的弯曲变形，从而提高传动的平稳性及传动件的使用寿命。将这种能卸除作用在轴Ⅰ上由传动带拉力产生的径向载荷的装置称为卸荷装置。

（二）六级变速操纵机构调整

主轴箱内共有 7 个滑移齿轮，其中 5 个滑移齿轮可通过轴Ⅰ—轴Ⅱ间双联滑移齿轮机构及轴Ⅱ—轴Ⅲ间三联滑移齿轮机构得到六级转速。控制着两个滑移齿轮机构的是一个单手柄六级变速操纵机构，主要由齿轮 1、2，拨叉 3、12，拨销 4，曲柄 5，盘形凸轮 6，轴 7，链条 8，手柄 9，圆柱销 10，杠杆 11 组成，如图 2-87 所示。

六级变速操纵机构通过改变主轴箱正面右侧的手柄 9 的位置来控制。轴 7 上有盘形凸轮 6 和曲柄 5。手柄 9 和轴 7 的传动比为 1∶1，所以手柄 9 旋转 1 周，盘形凸轮 6 和拨销 4 也均转过 1 周。盘形凸轮 6 上开有曲线槽，杠杆 11 上端有一圆柱销 10 插入盘形凸轮 6 的曲线槽内，下端也有一销子插入拨叉 12 的槽内，见图 2-87（a）。当盘形凸轮 6 大半径圆弧槽转至圆柱销 10 处时［见图 2-87（b）、（c）、（d）］，圆柱销 10 向下移动，同时带动杠杆 11 顺时针转动，从而使轴Ⅱ上的双联滑移齿轮 1 在左位；当盘形凸轮 6 小半径圆弧槽转至圆柱销

10 处时 [见图 2-87（e）、（f）、（g）], 圆柱销 10 向上移动, 杠杆 11 逆时针旋转, 轴 Ⅱ 上的双联滑移齿轮 1 在右位。曲柄 5 上的拔销 4 上装有滑块, 并嵌入拨叉 3 的槽内。轴 7 带动曲柄 5 旋转时, 拔销 4 绕轴 7 转动, 并通过拨叉 3 使轴 Ⅲ 上的双联滑移齿轮 2 被拨至左、中、右三个不同位置。每次顺序转动手柄 9 转 60°, 就可通过双联滑移齿轮 1 左右两个位置与三联滑移齿轮 2 的左、中、右三个位置的组合, 得到轴 Ⅲ 的六级转速。这样通过转动手柄 9 的不同的变速位置就可以实现滑移齿轮的六种不同形式组合, 最后得到六种转速。

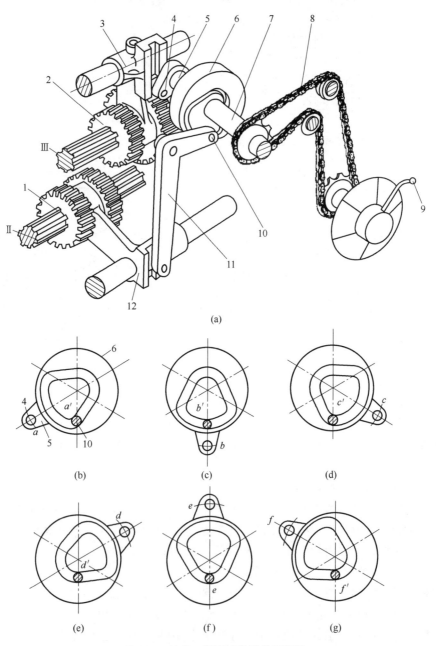

图 2-87 轴 Ⅱ、Ⅲ 变速操纵机构调整

1—双联滑移齿轮；2—三联滑移齿轮；3,12—拨叉；4—拔销；5—曲柄；
6—盘形凸轮；7—轴；8—链条；9—手柄；10—圆柱销；11—杠杆

(三)润滑系统

CA6140型普通卧式车床采用转子液压泵集中供油强制循环的润滑方式。这种润滑方式具有润滑充分、润滑油温升小等优点。在修理时,需清洗或更换过滤器,检验液压泵的供油状态,检查各润滑油管的供油情况,更换润滑油。主轴箱润滑系统如图2-88所示。

二、主轴箱的拆装

主轴箱的拆卸步骤及实施过程见表2-2。

注意事项:

① 看懂结构再动手拆,并按先外后里、先上后下的顺序拆卸。

② 观察主轴箱内部结构,了解主轴箱内离合器、制动器及润滑装置的位置及结构,判断其传动方式、级数、齿轮啮合的先后关系等。操纵正反转手柄和转速调节手柄,观察其动作顺序。

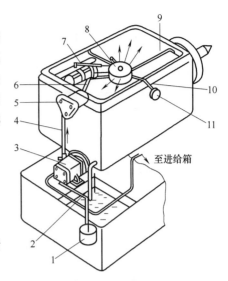

图2-88 主轴箱润滑系统
1—网式过滤器;2—回油管;3—液压泵;
4,6,7,9,10—油管;5—过滤器;
8—分油器;11—油标

▷ 表2-2 主轴箱拆卸步骤及实施过程

序号	步骤	实施过程
1	移除上盖	拧开上盖与箱体的连接螺栓,移除上盖
2	拆卸润滑机构和变速操纵机构	①松开各油管螺母 ②拆下过滤器 ③拆下单相油泵 ④拆卸变速操纵机构
3	拆卸轴Ⅰ	①放松正车摩擦片(减少压环元宝键摩擦) ②松开箱体轴承座固定螺钉 ③装上顶丝,用扳手上紧顶丝 ④拿住轴Ⅰ和轴承座
4	拆卸轴Ⅱ	①先拆下压盖,后拆下轴上卡环 ②采用拔销器拆卸轴Ⅱ ③取出轴上零件与齿轮
5	拆卸轴Ⅳ的拨叉轴	①松开拨叉固定螺母 ②用拔销器拔出定位销子 ③松开轴上固定螺钉 ④采用铜棒敲出拨叉轴 ⑤将拨叉和各零件拿出
6	拆卸轴Ⅳ	①松开制动带 ②松开四轴位于压盖上的螺钉,卸下调整螺母 ③用拔销器拔出前盖,再拆下后端端盖 ④拆卸四轴左端拨叉机构紧固螺母,取出螺孔中定位钢柱和弹簧 ⑤用机械法垫上铜棒将拨叉轴和拨叉、轴承卸下 ⑥用卡环钳松开两端卡环 ⑦用机械法拆下轴Ⅳ,将各零件放置油槽中

续表

序号	步骤	实施过程
7	拆卸轴Ⅲ	采用拔销器直接取出轴Ⅲ,再取出个零件
8	拆卸主轴(轴Ⅵ)	①拆卸后盖,松下顶丝,拆下后螺母 ②拆下前法兰盘 ③在主轴前端装入拉力器,将轴上卡环取出后,再将主轴上各零件一一取出放入油槽中
9	拆卸轴Ⅴ	①拆下轴Ⅴ前端盖,再取出油盖 ②采用机械法垫上铜棒并将轴Ⅴ从前端拆出 ③将轴Ⅴ各零件放入油槽中
10	拆卸正常螺距机构	①用销子冲拆下手柄上销子,拆下前手柄 ②用螺丝刀拆下后手柄顶丝,再拆下后手柄 ③取出箱体中的拨叉
11	拆卸增大螺距机构	①用销子冲拆下手柄上销子,再拆下手柄 ②在主轴后端用机械法拆出手柄轴 ③抽出轴和拨叉并套好放置
12	拆卸主轴变速机构	①拆下变速手柄冲子,用螺丝刀松开顶丝,拆下手柄 ②卸下变速盘上螺钉,拆下变速盘 ③拆卸螺钉,取出压板,卸下顶端齿轮,套好零件放置
13	拆卸轴Ⅶ	①将轴Ⅶ上挂轮箱盖及各齿轮拆下 ②用内六角扳手卸下固定螺钉,取下挂轮箱 ③拧松轴Ⅶ紧固螺钉 ④采用机械法垫上铜棒将轴Ⅶ取出 ⑤将轴Ⅶ及各齿轮放置一起
14	拆卸轴承外环	①拆下主轴后轴承,拧下螺钉,取下法兰盘和后轴承 ②依次取出各轴承外环
15	分解轴Ⅰ	见本节四、车床主轴箱轴Ⅰ的拆装
16	拆下主轴箱中其他零件	①拆卸主轴拨叉和拨叉轴 ②拆下刹车带 ③拆下扇形齿轮 ④拆下轴前定位片和定位套 ⑤拆下离合器拨叉轴,拆下正反车换向齿轮

③ 拆紧固件、连接件、限位件（顶丝、销钉、卡圈或环、衬套等）。

④ 拆前看清组合件的方向、位置排列等，以免装配时搞错。

⑤ 拆下的零件要有秩序地摆放整齐，做到键归槽、钉插孔、滚珠丝杠盒内装。

⑥ 拆卸时要注意防止箱体倾倒或掉下，拆下的零件要妥善放置，以免不慎掉下砸伤人。

⑦ 在扳动手柄观察传动时，不要将手伸入传动件中，以防止挤伤手指。

⑧ 拆卸零件时，不准用铁锤猛砸，不能野蛮操作，搞清楚后再拆装。

⑨ 滑移齿轮装配后，应操纵灵活，轴向定位准确、可靠。

⑩ 各传动轴的轴向定位，各齿轮相互啮合接触宽度位置的调整，轴Ⅰ摩擦片接触松紧的调整、制动带松紧的调整、主轴前、后轴承间隙的调整等。

⑪ 零件的清洗、检测，齿侧间隙、轴承轴向间隙的测量。

三、主轴组件拆装

(一) 主轴组件基本结构

CA6140型普通卧式车床的主轴是车床的关键部件之一，其装配如图2-89所示。

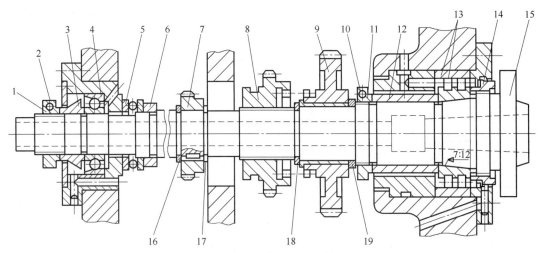

图2-89 CA6140型普通卧式车床主轴装配

1、11—圆螺母；2、10—锁紧螺钉；3—轴套(锥形密封圈)；4—角接触球轴承；5—推力球轴承；6—轴承座；7~9—齿轮；12—轴套；13—双列圆柱滚子轴承；14—螺母；15—主轴；16~19—开口垫圈

主轴在工作时承受很大的切削力，故要求具有足够的刚度、强度和较高的精度，它是一个空心的阶台轴，其内孔($\phi 48mm$)用于通过$\phi 47mm$以下的长棒料或穿入钢棒以卸下顶尖，也可用于装置气动、电动或液动夹紧机构。主轴前端的锥孔为莫氏6号锥度，用于安装前顶尖和芯轴，有自锁作用，可借助于锥面配合的摩擦力直接带动芯轴和工件转动。后端7：12锥孔是加工主轴工艺基准面。

主轴上装有三个齿轮。

① 右端的斜齿圆柱齿轮9空套在主轴15上。采用斜齿轮可以使主轴运转比较平稳；由于它是左旋齿轮，在传动时作用于主轴上轴向分力与纵向切削力方向相反，因此，还可以减少主轴后支承所承受的轴向力。

② 中间的齿轮8可以在主轴的花键上滑移，它是内齿离合器。当离合器处在中间位置时，主轴空挡，此时可较轻快地扳动主轴转动，以便找正工件或测量主轴旋转精度。当离合器在左面位置时，主轴高速运转；移到右面位置时，主轴在中、低速段运转。

③ 左端的齿轮7固定在主轴上，用于传动进给链。

(二) 主轴拆卸

1. CA6140型普通卧式车床主轴组件拆卸过程

① 主轴拆卸应由左至右打出。主轴的前轴承要和主轴先一起拆下，最后才从主轴上拆下。

② 在卸掉前端盖和后罩盖等零件后，必须先拧松螺母1、11、14，注意要松掉锁紧螺钉。

③ 从主轴箱中拿出轴承5，轴承座6，齿轮7~9，圆螺母11，轴套12等，最后在主轴上的圆柱滚子轴承内圈端面上垫铜套将其敲出。

④ 主轴拆卸过程中，应特别注意滚动轴承的位置及推力轴承的松紧圈朝向；注意零件的相互位置关系，做好记录。

⑤ 随时清洗拆下的零件，掌握零件的清洗操作及方法的选择。

⑥ 检查零件的表面磨损状况及缺陷。将拆下的零件按次序排放，以便主轴轴组装配。

2. 拉卸轴类零件注意事项

① 拆卸前，应熟悉拆卸部位的装配图和有关技术资料，了解拆卸部位的结构和零件之间的配合情况。拉卸前，应仔细检查轴和轴上的定位件、紧固件等是否已经完全拆除，如弹性挡圈、紧定螺钉等。

② 根据装配图确定轴的正确拆出方向。拆出方向一般是轴的小端、箱体孔的大端、花键轴的不通端。拆卸时，应先进行试拔，可以通过声音、拉拨用力情况与轴是否被拉动来判断拉出方向是否正确。待确定无误时，再正式拉卸。

③ 在拉拔过程中，还要经常检查轴上零件是否被卡住而影响拆卸。

3. 主轴的装配过程

① 安装主轴前，应在箱体外将主轴分组件前轴承内圈套入 7∶12 的锥度处，同时套上阻尼套筒内套和密封垫。注意：轴承内环涂上润滑油。

② 将主轴前轴孔擦干净，依次将阻尼套筒外套和双列滚子轴承外环用铜棒打入前轴承孔中，再将法兰盖装入，并用螺钉固定在箱体上。

③ 在主轴后轴承孔中装入法兰体和角接触球轴承外圈并用螺钉固定。

④ 安装主轴时，从主轴孔后部穿一铁棒按照零件装配图的顺序将主轴后推力球轴承 5、轴承座 6、开口垫圈 16、齿轮 7（平键）、开口垫圈 17 组合在一起套在铁棒上。完成后将铁棒穿过隔墙，套上滑移齿轮 8、开口垫圈 18、衬套、斜齿轮 9、开口垫圈 19 和圆螺母 11，安装时要注意齿轮的方向。

⑤ 将主轴由前轴孔中穿入箱体，一边向里穿，一边将铁棒上的零件套在主轴上。再将角接触球轴承 4 内圈按照定向装配的要求装在主轴上。之后依次装入锁紧套 3、盖板和圆螺母 1 并拧紧盖板上螺钉。最后把主轴安装到位。

（三）卡盘拆装

主轴前端采用短锥连接盘式结构，用于安装卡盘或拨盘，通过主轴端面上的圆形拨块传递扭矩。连接盘与主轴、卡盘的连接如图 2-90 所示。

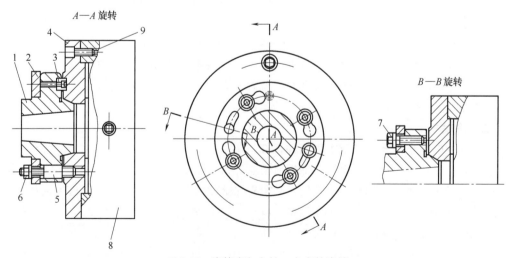

图 2-90　连接盘与主轴、卡盘的连接

1—主轴；2—锁紧盘；3—端面键；4—连接盘；5—螺栓；6—螺母；7,9—螺钉；8—卡盘

图 2-90 中端面键 3 可防止连接盘相对主轴转动，是保险装置。螺钉 7 为拆卸连接盘时用的顶丝。

安装卡盘时，使事先装在拨盘或连接盘 4 上的四个双头螺栓 5 及螺母 6 通过主轴肩及锁紧盘 2 的圆柱孔，然后将锁紧盘 2 转过一个角度，双头螺栓 5 处于锁紧盘的沟槽内，并拧紧螺钉 7 和螺母 6，就可以使卡盘或拨盘可靠地安装在主轴的前端。这种结构装卸方便，夹紧可靠，定心精度高；主轴前端悬伸长度较短，有利于提高主轴组件的刚度，所以得到广泛的应用。

连接盘前面的阶台面是安装卡盘 8 的定位基面，与卡盘的后端面和阶台孔（俗称止口）配合，以确定卡盘相对于连接盘的正确位置（实际上是相对主于轴中心的正确位置）。通过三个螺钉 9 将卡盘与连接盘连接在一起。这样主轴、连接盘、卡盘三者可靠地连为一体，并保证了主轴与卡盘同轴心。

（四）轴承装调

如 CA6140 型普通卧式车床主轴装配图（图 2-89）所示，主轴的前支承是 D 级精度的 3182121 型双列圆柱滚子轴承 13，用于承受径向力。这种轴承具有刚性好、精度高、尺寸小及承载能力大等优点。后支承有两个滚动轴承：一个是 D 级精度的 46215 型角接触球轴承 4，大口向外安装，用于承受径向力和由后向前方向的轴向力；后支承还采用一个 D 级精度的 8215 型推力球轴承 5，用于承受由前向后方向的轴向力。

主轴支承对主轴的旋转精度及刚度影响极大，轴承中的间隙直接影响机床的加工精度，主轴轴承应在无间隙（或少量过盈）条件下运转，因此，主轴轴承的间隙应定期进行调整。一般先调整固定支撑，再调整游动支撑。因此，主轴前后轴承的调整顺序为：先调整后轴承，再调整前轴承。

具体办法是：松开主轴前端双列轴承右侧螺母，拧紧主轴前端推力球轴承左侧的螺母。因双列轴承的内圈是锥度为 7：12 的薄壁锥孔，由于推力球轴承左侧螺母的推力，使双列轴承内圈右移胀大，减少径向间隙，同时也控制了主轴的轴向窜动。这种结构一般只调整前轴承，当只调整前轴承达不到要求时，可以对后轴承进行同样的调整，中间轴承间隙不调整。该主轴的精度要求为径向圆跳动和轴向窜动均不超过 0.01mm。

四、车床主轴箱轴 I 的拆装

（一）轴 I 的基本结构

主轴箱中轴 I 上主要安装片式离合器，其主要由双联齿轮、内摩擦片、外摩擦片、圆螺母、压紧环、圆柱销、齿轮套、拉杆、推动套（滑环或滑套）、销子、元宝键组成。轴 I 的基本结构如图 2-91 所示。

（二）摩擦式离合器

CA6140 型普通卧式车床主轴箱的主轴开停、换向和过载保护采用双向多片摩擦式离合器，通过离合器的操纵，从而实现车床的开停和换向。摩擦离合器及操纵机构的结构如图 2-92 所示。

离合器的内摩擦片 10 与轴 I 以花键孔相连接，随轴 I 一起转动。外摩擦片 9 空套在轴 I 上，其外圆有四个凸缘，卡在轴 I 上齿轮 7 和 14 的四个缺口槽中，内外片相间排叠。左离合器传动主轴正转，用于切削加工，其传递扭矩大，因而片数多（内摩擦片 9 片，外摩擦片 8 片）；右离合器片数少（内摩擦片 5 片，外摩擦片 4 片），传动主轴反转，主要用于退刀。离合器摩擦片松开时的间隙要适当，当间隙过大或过小时，必须进行调整。如果离合器

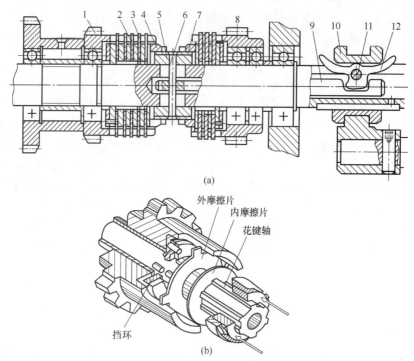

图 2-91 轴Ⅰ的基本结构

1—双联齿轮；2—内摩擦片；3—外摩擦片；4,7—圆螺母；5—压紧环（花键套）；
6—圆柱销；8—齿轮套；9—拉杆；10—推动套（滑环）；11—销子；12—元宝键

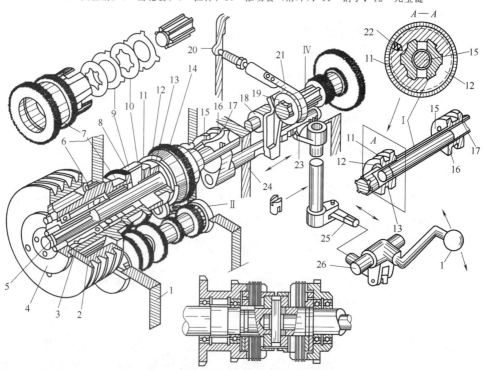

图 2-92 摩擦离合器及操纵机构的结构

1—箱体；2—皮带轮；3—轴承；4—盖板；5—操纵杆手柄；6—法兰盘；7,14—齿轮；8—挡板；9—外摩擦片；
10—内摩擦片；11—螺母；12—滑套；13—销；15—拉杆；16—滑环；17—摆杆；18—杠杆；19—制动盘；
20—调节螺母；21—制动带；22—定位销；23—扇形齿轮；24—齿条轴；25—连杆；26—操纵杆

内、外摩擦片间的间隙过大,则摩擦力不足不能传递额定的功率,会产生闷车现象;同时内、外摩擦片产生滑动,容易打滑发热启动不灵,传递功率不够。如间隙过小,则离合器松开后,内外摩擦片不能完全脱开,也导致摩擦片间产生滑动而发热,而且还会使主轴制动不灵。将定位销 22 压入螺母的缺口,然后转动左侧螺母,可调整左侧摩擦片间隙;转动右侧螺母,可调整右侧摩擦片间隙。调整完毕,让定位销 22 自动弹出,重新卡住螺母缺口,以防止螺母在工作中松脱。

摩擦离合器及操纵机构如图 2-93 所示。

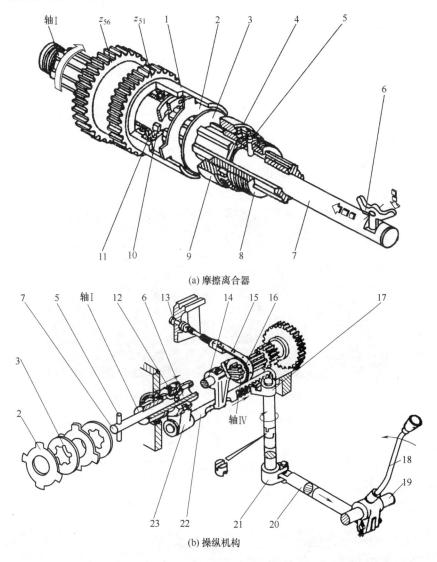

图 2-93 摩擦离合器及操纵机构
1—空套齿轮;2—外摩擦片;3—内摩擦片;4—弹簧销;5—销子;6—元宝销;7,20—杆;
8—压块;9—螺母;10,11—止推片;12—滑套;13—螺钉;14—杠杆;15—制动带;
16—制动轮;17—扇形齿;18—手柄;19—支撑轴;21—曲柄;22—齿条;23—拨叉

摩擦片间的压紧力是根据离合器应传递的额定扭矩来确定的。当摩擦片磨损后,压紧力减小,这时可用一字旋具(螺丝刀)将弹簧销按下,同时拧动压块上的螺母,直到螺母压紧离合器的摩擦片；调整好位置后，使弹簧销重新卡入螺母的缺口中，防止螺母在旋转时松动。摩擦片零件图如图 2-94 所示，其实物如图 2-95 所示。

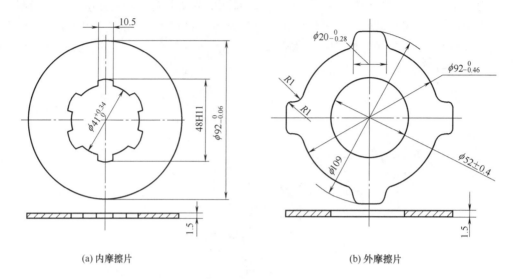

图 2-94 摩擦片零件图

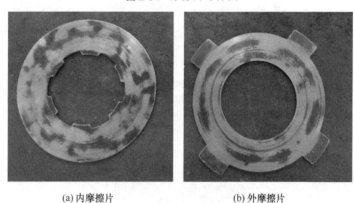

图 2-95 摩擦片实物

（三）轴Ⅰ的拆装步骤

下面以 C620 型车床轴Ⅰ为例介绍拆装过程，轴Ⅰ实物如图 2-96 所示，双向多片式摩擦离合器结构简图如图 2-97 所示。

轴Ⅰ的拆装过程见表 2-3。

图 2-96 轴Ⅰ实物

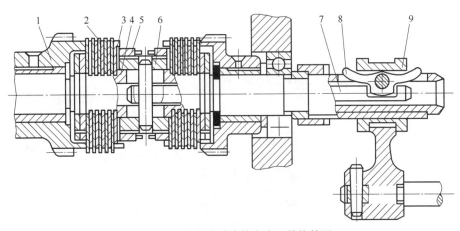

图 2-97 双向多片式摩擦离合器结构简图

1—套筒齿轮;2—外摩擦片;3—内摩擦片;4—花键轴;5—调整螺母;6—花键套;7—拉杆;8—摆块;9—滑环

▣ 表 2-3 轴 Ⅰ 的拆装过程

序号	实施过程	要点过程图
1	拆卸轴套	
2	拆卸双联齿轮套	
3	拆卸止推片	

续表

序号	实施过程	要点过程图
4	拆卸内外摩擦片	
5	用销子冲拆下元宝键上销子,取出元宝键	
6	拆卸键	
7	拆卸偏心套	

续表

序号	实施过程	要点过程图
8	拆卸轴套、齿轮套	
9	拆卸止推片、内外摩擦片	
10	按下弹簧销,转动调节螺母将其拆下	
11	冲出销子	

序号	实施过程	要点过程图
12	卸下压紧环（花键套）	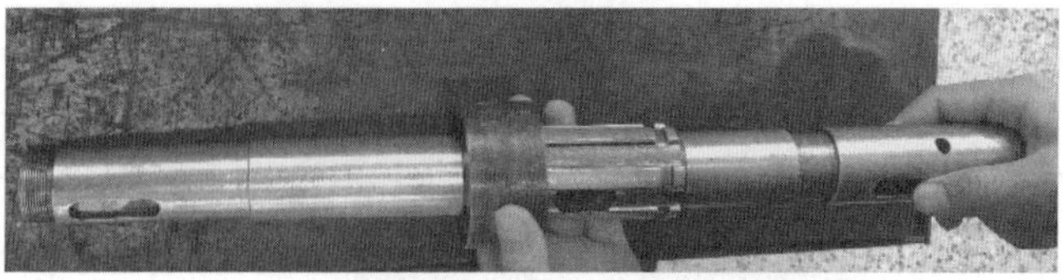 
13	取出拉杆	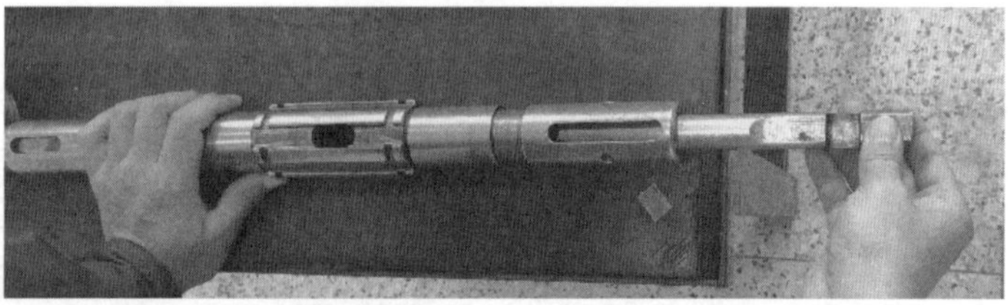
14	保证拆卸零部件放好，无遗失，为装配做准备	

摩擦离合器的装配注意事项：

① 将压紧环套入花键轴中部，再将拉杆穿入花键轴轴孔中，用圆柱销将压紧环定位，同时旋入两端圆螺母并固定。

② 将内、外摩擦片依次装入轴Ⅰ正车方向（先内片、后外片），并检查间隙，安装一对挡环，注意第一片挡环旋转一定的角度（轴向定位作用），最后用螺钉锁紧，将滚动轴承卡簧、轴套等依次装在花键轴上。

③ 用销子穿过元宝键并固定在反车一端，并将平键嵌入轴上，拉动元宝键检查拉杆是否滑动自如。

④ 将轴反向竖起安装正车摩擦片（因传递扭矩大，正车摩擦片比反车多一些），并按反车安装方法安装正车。

⑤ 滚动轴承、轴套、卡簧，按顺序依次安装，并注意锁紧配合。对轴组整体进行检测，防止丢件、少件。

⑥ 进入箱体安装时，先将滑环装在拨叉环上，并使键槽向上；然后将轴Ⅰ元宝键向上，从箱体后部穿入和拨叉轴上的滑环配合好，用铜棒冲击轴端，使轴Ⅰ向前移动，同时应注意观察调整齿轮的啮合情况，防止齿轮顶死，造成齿轮损坏；轴Ⅰ安装好后，再安装端盖到箱体上，用螺钉拧紧；端盖装完后，再装上皮带轮，拧上螺母拧紧，并用定位螺钉定位。

五、制动器操纵机构

摩擦离合器的压紧和松开由制动器操纵机构控制。制动器操纵机构如图 2-98 所示。

向上扳动手柄 6 时，通过操纵杆 B、杠杆 5、连杆 4、杠杆 3 使轴 2 和扇形齿 1 顺时针转动，传动齿条轴 A 右移，经拨叉 8 带动滑环 9 右移，压迫轴Ⅰ上摆杆绕支点销摆动，下端则拨动拉杆右移，再由拉杆上销带动滑套和螺母左移，从而将左边的内外摩擦片压紧。轴Ⅰ的转动通过内外片摩擦力带动空套齿轮转动，使主轴正转。同理，向下扳动手柄 6 时，使滑环左移，经摆杆使拉杆右移，便可压紧右边摩擦片，则轴Ⅰ带动右边空套齿轮转动，主轴便反转。手柄扳至中间位置时，传动链与传动源断开，这时齿条轴 A 上的凸起部分顶住杠杆 12，使制动器作用，主轴迅速停止。手柄 6 的扳动位置，可以改变杠杆 5 和操纵杆 B 的相对位置实现。

六、制动器

制动装置的作用是在车床停车过程中，克服主轴箱内各运动件的转动惯性，使主轴迅速停止转动，以缩短辅助时间及达到安全制动的目的。CA6140 型普通卧式车床采用闸带式制动器，安装在轴Ⅳ，其基本结构如图 2-99 所示，对应的实物如图 2-100 所示。

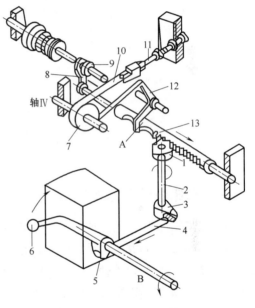

图 2-98 制动器操纵机构
1—扇形齿；2—轴；3,5—杠杆；4—连杆；6—手柄；
7—制动轮；8—拨叉；9—滑环；10—制动带；
11—调节螺钉；12—杠杆；13—齿条轴；
A—齿条轴；B—操纵杆

车床闸带式制动器由制动轮 8、制动带 7 和杠杆 4 组成。制动轮 8 是一个钢制圆盘，与轴Ⅳ用花键连接。制动带 7 为钢带，其内侧固定着一层铜网丝石棉，以增加摩擦面的摩擦因数。制动带 7 的一端通过调节螺钉 5 与主轴箱 1 相连接，另一端固定在杠杆 4 的上端。如要调整制动带 7 的松紧程度，可将螺母 6 松开后旋转调节螺钉 5。在调整合适的情况下，当主轴转时，制动带 7 能完全松开。而在离合器松开处于停车位置时，制动带 7 抱紧制动轮 8，使主轴能迅速停止转动。

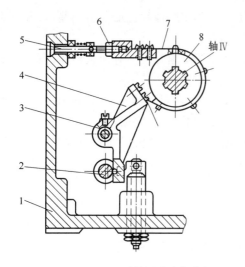

图 2-99 CA6140 型普通卧式车床闸带式制动器的基本结构

1—主轴箱；2—齿条轴；3—轴；
4—杠杆；5—调节螺钉；6—螺母；
7—制动带；8—制动轮

图 2-100 CA6140 型普通卧式车床闸带式制动器实物

1—主轴箱；2—齿条轴；3—轴；
4—杠杆；5—调节螺钉；6—螺母；
7—制动带；8—制动轮

第四节 车床进给箱的拆装

一、车床进给箱基本结构

进给箱固定在床身的左前侧、主轴箱的底部，主要由基本组、增倍组及各种操纵机构组成。进给箱正面左侧有一个手轮，手轮有 8 个挡位；右侧有前、后叠装的两个手柄，后面的手柄是丝杠、光杠变换手柄，有 A、B、C、D 4 个挡位，前面的手柄有 Ⅰ、Ⅱ、Ⅲ、Ⅳ、Ⅴ 5 个挡位。根据加工要求调整所需螺距或进给量时，可通过查找进给箱油池盖上的调配表来确定手轮和手柄的具体位置，如图 2-101 所示。

图 2-101 手轮和手柄位置实物

1—进给箱；2—进给变速手轮；3—螺纹旋向变换手柄；4—主轴箱；
5—主轴变速叠套手柄；6—丝杠、光杠变换手柄；7—进给变速手柄

进给箱的功用是将主轴箱经挂轮传来的运动进行各种速比的变换，使丝杠、光杠得到不同的转速，以取得不同的进给量和加工同螺距的螺纹。CA6140 型普通卧式车床进给箱展开图如图 2-102 所示。

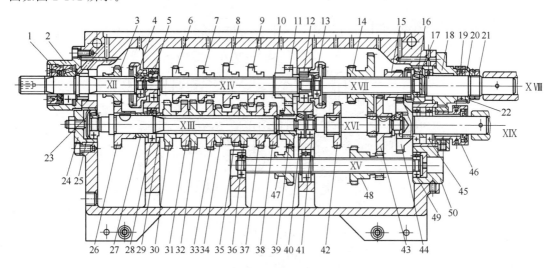

图 2-102　CA6140 型普通卧式车床进给箱展开图

1—开槽螺母；2,18,24,46—法兰盘；3,11,14,15—齿轮；4,13—内啮合齿轮；5,12,28,45,49—深沟球轴承；
6～9—齿轮；10—卡簧；16—内啮合齿轮轴；17,23,40,41—圆锥滚子轴承；19—密封环；20—压紧环；
21—圆螺母（锁紧螺母）；22—推力球轴承；25—盖；26,30～39—齿轮；27,29—套；
42,43,47,48—齿轮；44—齿轮轴；50—法兰盖

轴 XII、轴 XIV、轴 XVII 和轴 XVIII（丝杠）四轴布置在同一轴线上，轴 XIV 两端以半圆键连接两个内齿离合器，并以套在离合器上的两个深沟球轴承支撑在箱体上。内齿离合器的内孔中安装有圆锥滚子轴承，分别作为轴 XII 右端及轴 XVII 左端的支承。轴 XVII 右端由轴 XVIII 左端内齿离合器孔内的圆锥滚子轴承支承。轴 XVII 由固定在箱体上的法兰盘 18 支承，并通过联轴器与丝杠相连。松开锁紧螺母 21，然后拧动其左侧的调整螺母，可调整轴 XVIII 两侧的推力球轴承间隙，以防止丝杠在工作时做轴向传动。拧动轴 XVII 左端螺母 1，可以通过轴承内圈、内齿离合器端面以及轴肩而使同心轴上的所有圆锥滚子轴承的间隙得到调整。轴 XIII、轴 XVI 和轴 XIX（光杠）三轴布置在同一轴线上，轴 XIII 及轴 XVI 上的圆锥滚子轴承可通过轴 XIII 左端螺钉进行调整。下面重点介绍基本组的螺距操作机构。

进给箱中的基本组由轴 XIV 上的 4 个滑移齿轮和轴 XIII 上的 8 个固定齿轮组成。每个滑移齿轮依次与轴 XIII 相邻的两个固定齿轮中的一个啮合，而且要保证在同一时刻内，基本组中只能有一对齿轮啮合。而这 4 个滑移齿轮是由一个手柄集中操作的，该操纵机构的立体图和机构简图如图 2-103 所示。

基本组的 4 个滑移齿轮分别由 4 个拨块来拨动，每个拨块的位置由各自的销子通过杠杆来控制。4 个销子均匀地分布在操纵手轮背面的环形槽 e 中。环形槽上有两个间隔 45°的孔 a 和孔 b，孔中分别装有带斜面的压块 7 和 7′。两压块的形状如图 2-103（a）所示，安装时压块 7 的斜面向外斜，以便与销子 4 接触时能向外抬起销子 4；压块 7′ 的斜面向里斜，与销子 4 接触时向里压销子 4。这样利用环形槽和压块 7 和 7′，操纵销子 4 及杠杆，使每个拨块及其滑移齿轮依次有左、中、右三种位置。

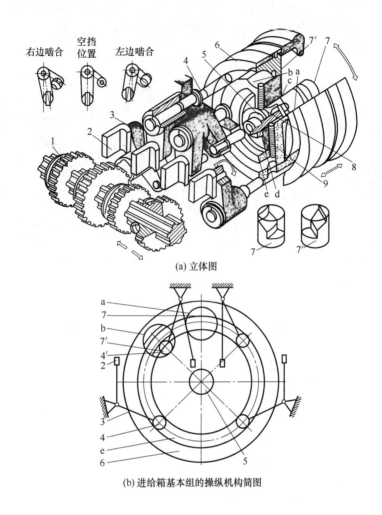

图 2-103 基本组操纵机构

1—滑移齿轮；2—拨块；3—杠杆；4,4′—销子；5—固定轴；
6—操纵手轮；7,7′—压块；8—钢球；9—螺钉；
a,b,d—孔；c,e—环形槽

操纵手轮 6 在圆周上有 8 个均布位置，当它处在图 2-103（b）所示位置时，只有左上角的销子 4′在压块 7′的作用下靠在孔 b 的内侧壁上。此时，杠杆将拨动滑移齿轮右移，使轴 XIV 上第 3 个滑移齿轮 $z=28$ 左移与 $z=26$ 齿轮啮合。如需改变基本组的传动比，先将操纵手轮 6 向外拉，如图 2-103（a）可知，螺钉 9 的尖端沿固定轴 5 的轴向槽移动到环形槽 c 中，这时操纵手轮 6 可以自由转动选位变速。由于销子 4 还有一小段保留在槽 c 及孔 b 中，转动操纵手轮 6 时，销子 4 回到并沿槽及孔 a、b 中滑过，所有滑移齿轮都在中间位置。当手轮转到所需位置后，例如从图 2-103（b）所示位置逆时针转动 45°（这时孔 a 正对销 4′），将手轮重新推入，孔 a 中压块的斜面将销子 4 向外抬起，通过杠杆将轴 XIV 第 3 个滑移齿轮推向右端，使 $z=28$ 与 $z=26$ 齿轮相啮合，从而改变基本组传动比。操纵手轮 6 沿圆周转一周时，则会使基本组 8 个速比依次实现。

二、车床进给箱拆装步骤

装配图 2-102 所示 CA6140 型普通卧式车床进给箱的装配工艺见表 2-4。

▣ 表 2-4　进给箱的装配工艺

序号	步　　骤	注意事项
1	对箱体及各部分零件进行检查,对零件进行清理和清洗	检查箱体孔是否合格,对零件进行清理和清洗的时候检查零件是否有损坏
2	根据进给箱装配图,在箱体外试装	试装时检查零件是否有损坏、缺件现象,轴与轴承和零件配合时是否有阻滞现象,轴与箱体配合时是否有阻滞现象,发现后应及时更换或修复
3	将轴 XIV 装入箱体,装轴上零件(齿轮 6~9、卡簧 10、齿轮 11)依次装在轴上,最后将两侧的内啮合齿轮 4、13 及深沟球轴承 5、12 装入箱体内	①齿轮 6~9 的位置和方向是否正确 ②此轴上齿轮的形状相似,不要错装 ③内啮合齿轮装入箱体时用软金属,如紫铜棒
4	将连接光杆的齿轮轴 44 及其轴上零件装入箱体	可先装轴承及套,再装轴
5	将轴 XVI 上的零件在箱体外装轴上,然后将该轴及零件直接放入箱体	注意装配顺序,轴承、齿轮装配要点
6	将轴 XII 及轴上零件装入箱体,再将开槽螺母 1 拧入法兰盘 2 内,并将法兰盘 2 和开槽螺母 1 装在箱体上,最后调整轴 XII 的轴向间隙	轴向间隙的调整靠法兰盖内的开槽螺母来调整
7	将轴 XVII 上的零件在箱体外装轴上,再将该轴及零件直接放入箱体	注意装配顺序
8	在箱体外,将连接丝杠的内啮合齿轮轴 16 及其上零件按装配图装上,再将桩体装入箱体,并用内六角螺钉锁紧	检查推力球轴承的装配是否正确
9	将轴 XIII 及其上零件装入箱体,然后装上盖 25 和法兰盘 24,用内六角螺钉锁紧	①法兰盘 24 上的螺钉调整轴向间隙,螺母用来锁紧螺钉 ②要保证零件位置及装配方向(如齿轮)正确
10	将轴 XV 及上零件装入箱体,然后将法兰盖装入	可先装左侧深沟球轴承在轴上,有卡簧处的深沟球轴承装入箱体

第五节　车床溜板箱的拆装

一、车床溜板箱基本结构

溜板箱的作用是把丝杠或光杠传来的旋转运动转变为直线运动并带动刀架进给；控制刀架运动的接通、断开和换向；机床过载时控制刀架停止进给；手动操作刀架移动和实现快速移动。CA6140 型普通卧式车床溜板箱展开图如图 2-104 所示。

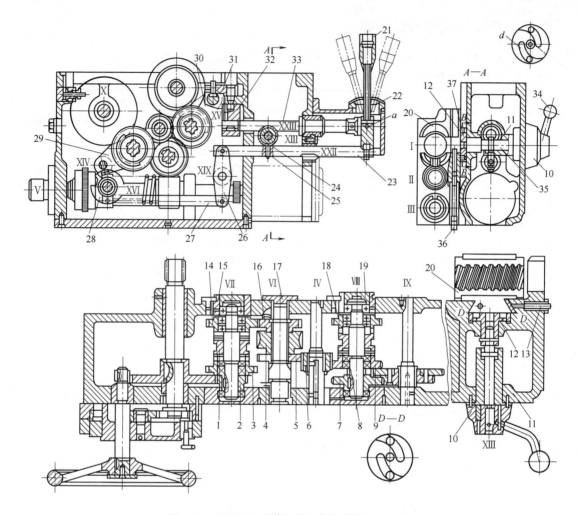

图 2-104　CA6140 型普通卧式车床溜板箱展开图

1,8—接合子；2,5~7,16—齿轮；3,9,14,18—接合子齿轮；4—涡轮；10,21—手柄；
11—套；12—鸳鸯轮；13—长顶丝；15,17,19—法兰盖；20—开合螺母；22—支架；23,33—轴；
24—销；25—弹簧销；26,31—杠杆；27—连杆；28,32—凸轮；29,30—拨叉；
34—手柄杆；35—鸳鸯轮轴；36—螺钉；37—圆柱销

（一）纵向、横向机动进给操作机构

CA6140 型普通卧式车床纵向、横向机动进给操作机构如图 2-105 所示。

该机构利用一个手柄 1 集中操作纵向、横向进给运动的接通、断开和换向，手柄拨动方向与刀架移动方向一致。当向左或向右拨动手柄 1 时，手柄座 3 绕销轴 2 转动，手柄座下端的开口槽通过球头销 4 使轴 5 做轴向移动，经过杠杆 11 和连杆 12 使凸轮 13 转动，凸轮上的曲线槽通过圆销 14 使拨叉轴 15 及拨叉 16 做前后移动，进而使离合器 M_8 发生位移，使得与轴 XXII 上的任一空套齿轮啮合，接通纵向机动进给运动。向前或向后扳动手柄 1 时，通过手柄带动轴 23 转动，并使凸轮 22 随之转动，从而推动圆销 19，并使杠杆 20 绕销轴 21 摆动，圆销 18 带动拨叉轴 10 轴向移动，并通过固定在轴上的拨叉 17 拨动离合器 M_9，使之与轴 XXV 上的任一空套齿轮啮合，接通横向机动进给运动。为了避免同时接通纵向和横向机动进给，在手柄 1 的盖上开有十字槽，限制手柄 1 的位置，使它不能同时接通纵向和横向机动

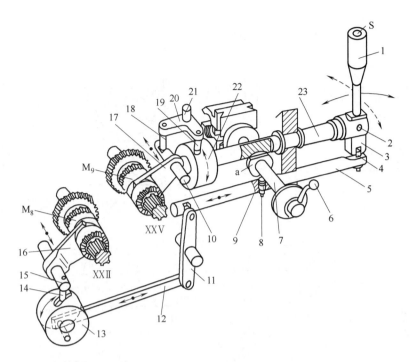

图 2-105 CA6140 型普通卧式车床纵、横向机动进给操纵机构
1,6—手柄；2,21—销轴；3—手柄座；4,9—球头销；5,7,23—轴；8—弹簧销；10,15—拨叉轴；
11,20—杠杆；12—连杆；13,22—凸轮；14,18,19—圆销；16,17—拨叉；
S—按钮；a—扇形齿轮

进给。

(二) 互锁机构

车床工作时，如因操作错误，同时将丝杠传动和纵、横向机动进给（或快速运动）接通，则将损坏机床。为了防止上述事故，溜板箱中设有互锁机构，以保证开合螺母合上时，机动进给不能接通，机动进给接通时，开合螺母不能合上。合上开合螺母时，就不许接通机动进给。因此，开合螺母和机动进给的操纵机构必须互锁。CA6140 型普通卧式车床互锁机构的工作原理如图 2-106 所示。

图 2-106（a）所示为中间位置，这时机动进给未接通，开合螺母也处于脱开状态，所以可任意地扳动开合螺母操纵手柄或机动进给操纵手柄。

图 2-106（b）所示是合上开合螺母时的情况。这时轴 4 转了一个角度，它的凸肩转入轴 1 的槽中，将轴 1 卡住，使其不能转动。凸肩又将短销 5 的一半压入纵向进给操纵拉杆轴 3 的孔中，短销 5 的另一半尚留在固定套 2 中，使纵向进给操纵拉杆轴 3 不能轴向移动。因此，如合上开合螺母，机动进给的手柄就被锁在中间位置上而不能扳动，也就不能再接通机动进给。

图 2-106（c）所示是向左扳机动进给手柄接纵向进给时的情况。这时纵向进给操纵拉杆轴 3 向右移动，短销 5 被纵向进给操纵拉杆轴 3 的表面顶住，不能往下移动销。短销 5 的圆柱段处在固定套 2 的圆孔中，上端则卡在轴 4 的 V 形槽中，将轴 4 锁住，开合螺母操纵手柄不能转动，开合螺母不能闭合。

图 3-106（d）所示是向前扳手柄接通横向进给时的情况。这时，轴 1 转动，轴 4 上的凸

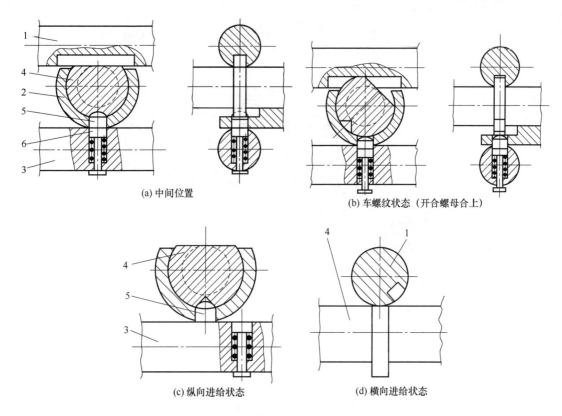

图 2-106 CA6140 型普通卧式车床互锁机构工作原理
1—横向进给转轴；2—固定套（支承套）；3—纵向进给操纵拉杆轴；
4—开合螺母手柄轴；5—短销；6—销孔

肩被轴 1 顶住，使轴 4 不能转动，开合螺母也就不能闭合。

（三）开合螺母机构

开合螺母机构的功用是接通或断开从丝杠传来的运动。车削螺纹和蜗杆时，将开合螺母合上，丝杠通过开合螺母带动溜板箱及刀架运动。开合螺母因螺母做成开合的上下两部分而得名。

开合螺母机构的结构如图 2-107 所示。

上下半螺母 2 和 2′装在溜板箱体后壁的燕尾形导轨中，可上下移动。在上下半螺母 2 和 2′的背面各装有一个圆柱销 1，其伸出端分别嵌在槽盘 13 的两条曲线槽中。向右扳动手柄，经轴使槽盘 13 逆时针转动时，曲线槽迫使两圆柱销 1 互相靠近。带动上下半螺母 2 和 2′合拢，与丝杠啮合，刀架便由丝杠螺母经溜板箱传动进给，槽盘 13 顺时针转动时，曲线槽通过圆柱销 1 使两个半螺母 2 和 2′相互分离，两个半螺母 2 和 2′与丝杠脱开啮合，刀架便停止进给。开合螺母与镶条 3 要配合适当，否则就会影响螺纹加工精度，甚至使开合螺母操纵手柄 12 自动跳位，出现螺距不等或乱牙、开合螺母轴向窜动等弊端。开合螺母与燕尾形导轨配合间隙（一般应小于 0.03mm），可用螺钉 4 压紧或放松镶条 3 进行调整，调整后用螺钉 4 上的螺母锁紧。

（四）安全离合器与超越离合器

安全离合器由两个端面的右接合子 4 和左接合子 5 组成，单向超越离合器由齿轮 6、星

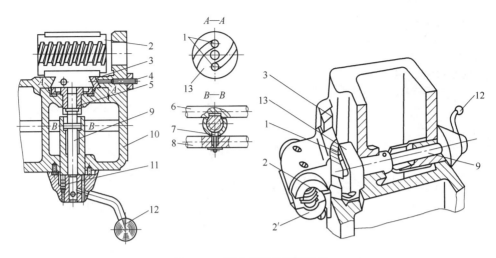

图 2-107 开合螺母机构的结构

1—圆柱销；2,2′—半螺母；3—镶条；4—螺钉；5—凸轮；6—轴；7—固定套；8—拉杆；
9—转轴；10—溜板箱体；11—定位钢珠；12—开合螺母操纵手柄；13—槽盘

状体 9、滚柱 8、弹簧 14 和顶销 11 等组成。单向超越离合器和安全离合器的结构如图 2-108 所示。

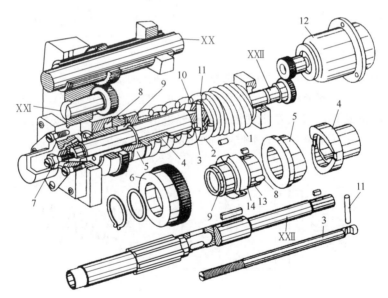

图 2-108 单向超越离合器和安全离合器

1—蜗杆；2,14—弹簧；3—轴；4—右接合子；5—左接合子；6—齿轮；7—螺母；8—滚柱；
9—星状体；10—垫圈；11—顶销；12—电动机；13—顶销

1. 安全离合器

安全离合器，也可称为过载保护机构，是为了防止进给机构过载或发生偶然事故时机床部件的保护装置。在刀架机动进给过程中，如进给抗力过大或刀架移动受到阻碍，安全离合器能自动断开轴的运动，保护传动零件在过载时不发生损坏。CA6140 型普通卧式车床的进给过载保护机构如图 2-109 所示。

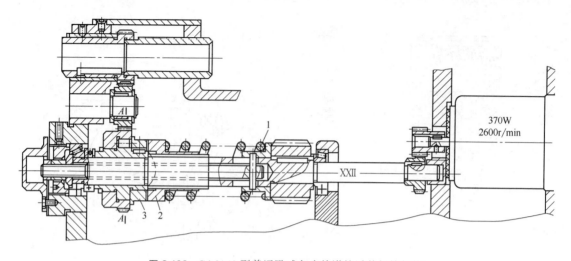

图 2-109 CA6140 型普通卧式车床的进给过载保护机构
1—弹簧；2—安全离合器右半部（右接合子）；3—安全离合器左半部（左接合子）

安全离合器运动的传递如下：由光杠传来的运动经齿轮及超越离合器传至安全离合器左半部 3，然后再通过螺旋形端面齿传至安全离合器右半部 2，安全离合器右半部 2 的运动经外花键传至轴ⅩⅫ（在安全离合器右半部 2 的后端装有弹簧 1，弹簧 1 的压力使安全离合器右半部 2 与安全离合器左半部 3 相啮合，克服安全离合器在传递转矩过程中所产生的轴向分力）。

安全离合器螺旋齿面上产生的轴向分力 $F_{轴}$ 小于弹簧压力，刀架上的载荷增大时，通过安全离合器齿爪传递的转矩，以及产生的轴向分力都将随之增大。当轴向分力 $F_{轴}$ 超过弹簧的压力时，离合器右半部分将压缩弹簧而向右移动，与左半部分脱开，安全离合器打滑，于是机动进给传动链断开，刀架停止进给。过载现象消除后，弹簧使安全离合器重新自动接合，恢复正常工作。安全离合器的工作原理如图 2-110 所示。

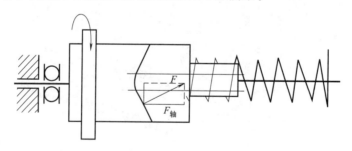

图 2-110 安全离合器的工作原理

2. 超越离合器

在 CA6140 型普通车床的进给传动链中，当接通机动进给时，光杠ⅩⅩ的运动经齿轮副传动蜗杆轴ⅩⅫ做慢速转动。当接通快速移动时，快速电动机经一对齿轮副传动蜗杆轴ⅩⅫ做快速转动。这两种不同转速的运动同时传到一根轴上，使轴不受损坏的机构称为超越离合器。

单向超越离合器的结构如图 2-111 所示。

安全离合器的左接合子和单向超越离合器的星状体 2 连在一起，且空套在蜗杆轴

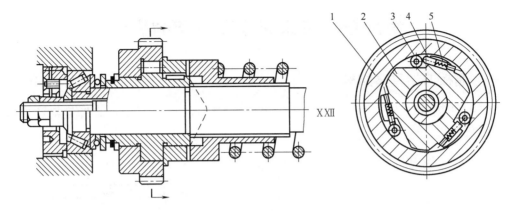

图 2-111 单向超越离合器的结构
1—齿轮外套；2—星状体；3—短圆柱滚子（滚柱）；4—顶销；5—弹簧

ⅩⅫ上；右接合子和蜗杆轴由花键连接，可在该轴上滑移，靠弹簧5的弹簧力作用，与左接合子紧紧地啮合。正常进给情况下，运动由单向超越离合器及左接合子带动右接合子，使蜗杆轴转动。当出现过载或阻碍时，蜗杆轴扭矩增大并超过了许用值，两接合端面处产生的轴向力超过弹簧的压力，则推开右接合子。此时，左接合子继续转动，而右接合子却不能被带动，于是两接合子之间产生打滑现象。这样，切断进给运动可以保护机构不受损坏。当过载现象消除后，安全离合器又恢复到原来的正常工作状态。

二、车床溜板箱拆卸调整步骤

纵横向进给运动机构的拆装步骤如下。
① 旋下十字手柄、护套等，旋下顶丝，取下套，抽出操纵杠，抽出锥销，抽出拨叉轴。
② 取出纵向、横向两个拨叉。
③ 取下溜板箱两侧护盖，沉头螺钉，取下护盖，取下两离合器轴。
④ 拿出两个齿轴及铜套等。
⑤ 旋下涡轮轴上螺钉，抽出涡轮轴，取出齿轮、涡轮等。
⑥ 旋下快速电机螺钉，取下快速电机。
⑦ 旋下蜗杆轴端盖，内六角螺钉，取下端盖，抽出蜗杆轴。
⑧ 反顺序进行安装。

安全离合器、超越离合器的拆装步骤如下。
① 拆下轴承，取下定位套。
② 取下超越离合器、安全离合器等。
③ 打开超越离合定位套，取下齿轮等。
④ 取下开合螺母，抽出轴等。

开合螺母机构的拆装步骤如下。
① 拆下手柄上的锥销，取下手柄。
② 放松燕尾槽上的两个调整螺钉，取下导向板。
③ 取下开合螺母，抽出轴等。
④ 反顺序进行安装。

第六节　车床溜板及刀架的拆装

一、溜板刀架基本结构

溜板用来安装刀架，并使之做纵向、横向或斜向的进给运动。溜板刀架的结构如图 2-112 所示。

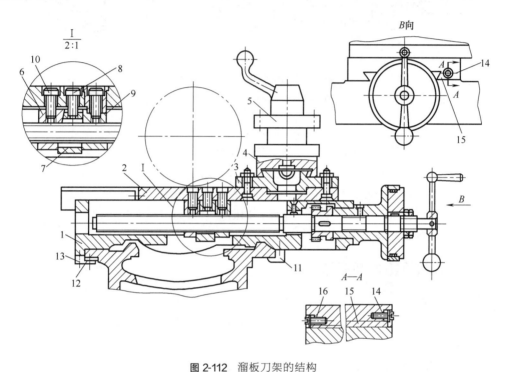

图 2-112　溜板刀架的结构

1—床鞍；2—中滑板；3—转盘；4—小滑板；5—方刀架；6—可调螺母；7—楔块；
8—调节螺钉；9—固定螺母；10,14,16—螺钉；
11—可调压板；12—平镶条；13—压板；15—镶条

大托板（大刀架、纵溜板、床鞍）与溜板箱连接，溜板箱带动刀架沿床身导轨做纵向移动，其上面有横向导轨，可沿床身的导轨做纵向直线运动。

中溜板（横刀架、横溜板）可沿大托板上的导轨做横向移动，用于横向车削工件及控制切削深度；中溜板由横滑板、丝杠、垫片、左右螺母、螺钉、镶条等部分组成。

利用螺旋传动，中溜板将螺杆的回转运动转化为螺母的直线运动。丝杠是用来将旋转运动转化为直线运动，或将直线运动转化为旋转运动的执行元件，并具有传动效率高、定位准确等特点；当丝杠作为主动件时，螺母就会随丝杠的转动角度按照对应规格的导程转化成直线运动，被动工件可以通过螺母座和螺母连接，从而实现对应的直线运动。梯形丝杠工作原理如图 2-113 所示。

小溜板（小托板、小刀架）控制长度方向的微量切削，可沿转盘上面的导轨做短距离移动。方刀架固定在小滑板上，可装 4 把刀，松开手柄，转动方刀架，可把所需要的车刀转到工作位置。

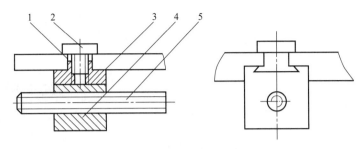

图 2-113 梯形丝杠工作原理
1—横滑板；2—螺钉；3—锁紧块；4—螺母；5—丝杠

注意：

① 丝杠与螺母应有较高的配合精度，有准确的配合间隙；丝杠与螺母的同轴度及丝杠轴心线与基准面的平行度，应符合规定要求；丝杠与螺母相互转动应灵活；丝杠的回转精度应在规定范围内。

② 溜板松则溜板和导轨间隙大，加工的精度差；溜板紧则溜板和导轨间隙小，动作（手动、机动）不灵活，加工精度好。溜板间隙过大时，调紧些，先松开后端螺钉，然后调前端螺钉，调至合适位置；溜板间隙过小时，调松些，先松开前端螺钉，然后调后端螺钉，调至合适位置。

③ 配镶条的目的是使刀架横向进给时有准确间隙，并能在使用过程中，不断调整间隙，保证足够的寿命。

④ 中溜板是利用楔铁调整间隙的。

二、车床溜板拆装步骤

CA6140 型普通卧式车床中溜板拆装方法见表 2-5。

表 2-5 CA6140 型普通卧式车床中溜板拆装方法

序号	步骤	实施过程	要点过程
1	拆镶条	调整螺钉，抽出镶条 摇出丝杠，取出手柄锥销 松开两个背帽，拆出刻度盘、被动轮 取出半圆键，取出螺母副	注意正确使用工具 拆卸零部件摆放整齐
2	清洗和修复	处理各零件，按拆卸相反的顺序装配好各个零件	不少装、不装错
3	配镶条	镶条按导轨和下滑座配刮，使刀架下滑座在燕尾导轨全长上移动时，无轻重或松紧不均匀的现象，并保证大端有 10～15mm 调整余量。燕尾导轨与刀架下滑座配合表面之间用 0.03mm 塞尺检查，插入深度不大于 20mm	纵向进给操纵拉杆轴 燕尾导轨的镶条

续表

序号	步骤	实施过程	要点过程
4	调整横向进给(中溜板)丝杠与螺母间隙	先将前螺母的紧固螺钉3拧松,然后将中间的调整螺钉2拧紧,螺钉2下部把楔铁4向上拉,将螺母5和6向两边挤开,因而消除了间隙。调整后,将螺钉3仍然拧紧	1～3—螺钉;4—锁紧块(楔铁); 5—前螺母;6—后螺母

三、刀架基本组成

刀架主要由刀架座、刀架转盘、小滑板、方刀架等组成,其作用是夹持刀具,实现刀具的转位、换刀、刀具的短距离调整及锥度手动进给等运动。

CA6140型普通卧式车床溜板刀架外形简图如图2-114所示;CA6140型普通卧式车床溜板刀架实物如图2-115所示;方刀架的结构如图2-116所示。

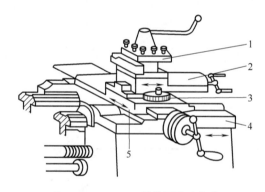

图2-114 CA6140型普通卧式车床
溜板刀架外形简图
1—刀架座;2—小滑板;3—刀架转盘;
4—床鞍;5—方刀架

图2-115 CA6140型普通卧式车床
溜板刀架实物

方刀架安装在小滑板上,以小滑板的圆柱凸台定中心,用拧在轴6末端螺纹上的手把16夹紧。方刀架可以转动间隔为90°角的4个位置,使装在四侧的4把车刀轮流地进行切削。每次转位后,由定位销8插入小滑板的定位套9孔中进行定位,以便获得准确的位置。方刀架在换位过程中的松夹、拔出定位销、转位、定位以及夹紧等动作,都由手把16操纵。逆时针转动手把,使其从轴6的螺纹上拧松时,方刀架10便被松开,同时,手把通过内花键套筒13带动外花键套筒15转动,如图2-116(a)所示。

外花键套筒15的下端有锯齿形齿爪,与齿轮5上的端面齿啮合,因而齿轮也被带着沿逆时针方向转动。齿轮转动时,先由其上的斜面a将定位销8从定位套9引孔中拔出,接着其缺口的一个垂直侧面b与装在方刀架10中的固定销21相碰[图2-116(b)],带动方刀架

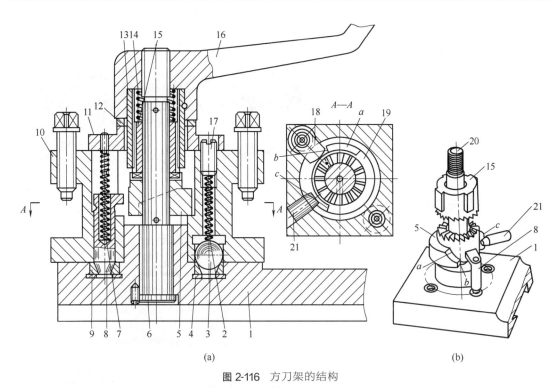

图 2-116 方刀架的结构

1—小滑板；2,7,14—弹簧；3—定位钢珠；4,9—定位套；5—齿轮；6,20—轴；8,18—定位销；
10—方刀架；11—可调压板；12—垫片；13—内花键套筒；15—外花键套筒；16—手把；17—调整螺钉；
19—凸轮；21—固定销；a—凸轮的斜面；b,c—凸轮缺口垂直侧面

一起转动，定位钢珠 3 从定位套 4 孔中滑出。当刀架转至所需位置时，定位钢珠 3 在弹簧 2 的作用下进入另一定位孔，使方刀架进行初步定位（粗定位）。然后反向转动（顺时针方向）手把，同时齿轮 5 也被带动一起反转。当齿轮上的斜面 a 脱离定位销 8 的钩形尾部时，在弹簧 7 的作用下，定位销插入新的套孔中，使刀架体实现精确定位，接着凸轮上缺口的另一垂直面 c 与固定销 21 相碰，凸轮便挡住不再转动。但此时手把仍带着外花键套筒 15 一起继续顺时针转动，直到把刀架体压紧在小滑板上为止。在此过程中，外花键套筒 15 与凸轮以端面齿爪斜面接触，从而外花键套筒 15 可克服弹簧 14 的压力，使其齿爪在固定不转的凸轮的齿爪上打滑。修磨垫片 12 的厚度，可调整手把在夹紧方刀架后的最终位置。

四、刀架拆装步骤

车床刀架拆装步骤见表 2-6。

表 2-6 车床刀架拆装步骤

序号	实施过程	拆装要点图
1	松开锁紧螺母，再拆卸把手（手柄）	把手　垫片　弹簧

续表

序号	实施过程	拆装要点图
2	拆卸压板、外花键套筒、齿轮、定位销	定位销　可调压板　调整螺钉　外花键套筒　齿轮
3	拆除方刀架	
4	松开丝杠的顶丝,旋出丝杠,取下螺母	
5	取下衔铁、小滑板、转盘	

序号	实施过程	拆装要点图
6	检查刀架、滑板各零部件	
7	刀架的安装顺序与上述拆卸顺序相反	

第七节　车床尾座的拆装

一、尾座基本组成

车床的尾座可沿导轨纵向移动调整其位置，其内有一根由手柄带动沿主轴轴线方向移动的芯轴，在套筒的锥孔里插上顶尖，可以支承较长工件的一端。还可以换上钻头、铰刀等刀具实现孔的钻削和铰削加工。

尾座主要由尾座体 2、尾座底板 16、紧固螺母 13、紧固螺栓 10、压板 12、尾座套筒 3、丝杠螺母 6、压盖 7、手轮 9、丝杠 5、压紧块手柄 8、上压紧块 19、下压紧块 20、调整螺栓 11 等组成。CA6140 型普通卧式车床尾座装配如图 2-117 所示，其实物如图 2-118 所示。

尾座装在床身的尾座平导轨 C 及 V 形导轨 D 上，它可以根据工件的长短调整纵向位置。位置调整妥当后，用快速紧固手柄 8 夹紧，当紧固手柄 8 向后推动时，通过偏心轴及拉杆，就可将尾座夹紧在床身导轨上。为了将尾座紧固得更牢靠些，可拧紧螺母 10，这时螺母 10 通过螺钉 11 将压板 12 使尾座牢固地夹紧在床身上。后顶尖 1 安装在尾座顶尖套 3 的锥孔中。尾座顶尖套 3 装在尾座体 2 的孔中，并由平键 17 导向，使它只能轴向移动，不能转动。

摇动手轮 9，可使尾座顶尖套 3 纵向移动。当尾座顶尖套 3 移到所需位置时，可用手柄 4 转动螺杆 18 以拉紧套筒 19、20，从而将尾座顶尖套 3 夹紧。如需卸下顶尖，可转动手轮 9，使尾座顶尖套 3 后退，直到丝杠 5 的左端顶住后顶尖 1，将后顶尖 1 从锥孔中顶出。

将钻头等孔加工刀具装在尾座顶尖套 3 的锥孔中，转动手轮 9，借助丝杠 5 和螺母 6 的传动，可使尾座顶尖套 3 带动钻头等孔加工刀具纵向移动，进行孔加工。

调整螺钉 21 和 23 用于调整尾座体 2 的横向位置，也就是调整后顶尖/中心线在水平面内的位置，使它与主轴中心线重合，车削圆柱面；或使它与主轴中心线相交，工件由前后顶尖支承，用于车削锥度较小的锥面。

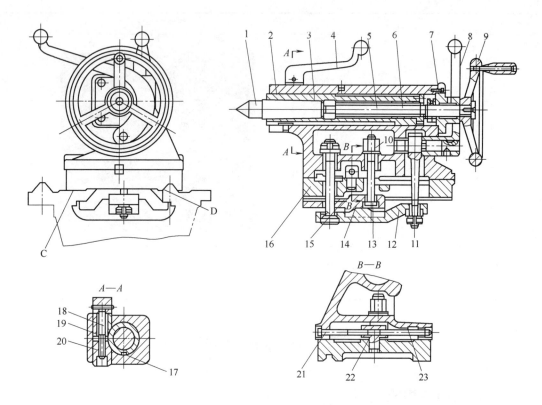

图 2-117 CA6140型普通卧式车床尾座装配

1—后顶尖；2—尾座体；3—尾座顶尖套；4—手柄；5—丝杠；6,10—螺母；7—法兰体（端盖）；
8—紧固手柄；9—手轮；11,13,15,21,23—螺钉；12,14—压板；
16—尾座底板；17—平键；18—螺杆；19,20—上、下压紧块；22—调心螺母；
C—尾座平导轨；D—尾座V形导轨

图 2-118 CA6140型普通卧式车床尾座实物

二、车床尾座拆装步骤

CA6140型普通卧式车床尾座拆装步骤见表2-7。

▣ 表 2-7　CA6140型普通卧式车床尾座拆装步骤

序号	实施过程	要点过程图
1	分离尾架体、底板、压板	
2	拆下手轮	
3	旋转卸下手柄	
4	卸下端盖（压盖）	
5	将套筒抽出	
6	拆卸紧固手柄	

续表

序号	实施过程	要点过程图
7	拆下压盖,旋出丝杠,拆卸螺母	
8	规整排列拆卸各零件	
9	安装	与拆卸顺序相反

第八节 车床的总装试车

一、车床主要部件装配顺序

(一) 装配顺序

装配就是把好的机床零件按一定的顺序和技术要求连接到一起,成为一部完整的机器(或产品),它必须可靠地实现机器(或产品)设计的功能。机床的装配工作,一般包括装配、调整、检验、试车等。它不仅是制造机器所必须的最后阶段,也是对机器的设计思想、零件的加工质量和机器装配质量的总检验。

车床零件装配成组件、部件后即可进入总装配,其装配顺序一般可按下列原则进行。

① 选出正确的装配基面,这种基面大部分是床身的导轨面。因为床身是车床的基本支承件,其上将安装着车床的各主要部件,而且床身导轨面是检验机床各项精度的检验基准。因此,机床的装配应从装置床身并取得所选基面的直线度、平行度及垂直度等精度着手。

② 在解决没有相互影响的装配精度时,其装配先后以简单方便为原则。一般可按先下后上、先内后外的原则进行。例如在装配时,如果先解决车床的主轴箱和尾座两顶尖的等高度精度或者先解决丝杠与床身导轨的平行度精度,在装配顺序的先后上是没有多大关系的,只要能简单方便地顺利进行装配即可。

③ 在解决有相互影响的装配精度问题时,应该先确定好一个公共的装配基准,然后再

按要求达到各有关精度。

④ 车床是以床身为基准零件，装上主轴箱、进给箱、溜板箱等部件及其他组件、套件、零件。

(二) 技术要求

① 需组装的零部件应根据装配顺序清洗干净，并涂以润滑油脂。清洗一般用煤油、柴油、汽油等。对忌油的零部件进行脱脂处理。

② 零部件的组装应符合技术文件规定，出厂已装配好的组装件，一般不再拆装，因调试或检测确需拆卸的部件，应测量被拆件的装配间隙和记下原始装配位置。重新组装时应按原始记录复位。对于新装的组件，应先检查与装配有关的零部件尺寸及配合精度，确认符合技术要求后再进行装配。

③ 组装的各滑动、转动、滚动等部件的运动间隙应符合技术要求。移动时应轻快灵活，无阻滞现象。

④ 机床的定位销与销孔接触应良好，销装入孔内的深度应符合规定，在重新调整连接件时，不应使定位销受剪力。

⑤ 对于重要的固定接合面，导轨与导轨的接头应符合技术文件规定。模拟导轨工作状态，推动、移置导轨与滑动件的接合面，应在导轨镶条压板端部的滑动面之间用 0.04mm 塞尺检验，插入深度不应超过 20mm。

(三) 车床部件的装配工艺过程

车床部件的装配工艺过程可用卧式车床总装配单元系统展示，如图 2-119 所示。

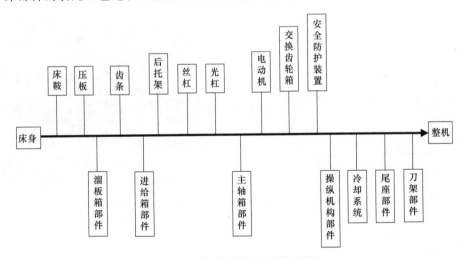

图 2-119 卧式车床总装配单元系统

二、车床主要部件装配及调整

(一) 床身与床脚的安装

1. 床身与床脚接合的装配

床身导轨是床鞍移动的导向面，是保证刀具移动直线性的关键。床身导轨要求如下。

(1) 几何精度

各导轨在垂直平面与水平面内的直线度符合技术要求，且在垂直平面只许凸，各导轨和床身齿条安装面应平行于床鞍导轨。

(2) 接触精度

刮削导轨每 25mm×25mm 范围内接触点不少于 10 点。磨削导轨则以接触面积大小来评定接触精度的高低。

(3) 表面粗糙度

刮削导轨表面粗糙度一般在 $Ra1.6\mu m$ 以下；磨削导轨表面粗糙度在 $Ra0.8\mu m$ 以下。

(4) 硬度

一般导轨表面硬度应在 170HB 以上，并且全长范围硬度一致。与之相配合件的硬度应比导轨硬度稍低。

(5) 导轨稳定性

导轨在使用中应不变形，除采用刚度大的结构外，还应进行良好的时效处理，以消除内应力，减少变形。

2. 床身与床脚接合的装配

先去除接合部的毛刺，然后倒角，以保证接合面平整贴合，防止床身紧固时产生变形。同时在接合面间加入 1～2mm 厚纸垫，以防漏油。

床身导轨精加工方法：床身与床脚接合后，导轨的精加工有刮研法、精刨代刮法（精刨法）和以磨代刮法（精磨法）三种，目前应用最广的为精磨法。刮研法是单件小批生产或机修中常用的方法，刮削前将可调垫铁置于床脚地脚螺钉附近，用水平仪调整床身处于自然水平位置，各垫铁受力均匀，床身放置稳定后即可开始刮削。

CA6140 型普通卧式车床床身导轨的截面如图 2-120 所示；其实物如图 2-121 所示。

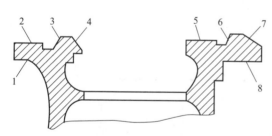

图 2-120 CA6140 型普通卧式车床床身导轨的截面
1,8—压板用导轨；2,6,7—溜板用导轨；3～5—尾座用导轨

图 2-121 CA6140 型普通卧式车床床身导轨实物

3. 导轨的刮削

为了提高刮削效率和质量，刮削导轨时应严格遵守如下原则。

① 确定基准导轨。一般以主要的支承导轨或较长的导轨为基准导轨。因为车床床身溜板用 V 形导轨精度要求最高、工作量最大、最主要和最难刮，因此选其作为基准导轨。

② 先刮削好基准导轨。要边刮边检测其直线度，刮削好后再以其为基准，配刮与之相配的另一导轨。刮削基准导轨时，必须进行单独的精度检测；刮削与之相配的导轨时，则只需检测接触精度和平行度误差，可不做单独的直线度误差检测。

③ 导轨上各表面的刮削顺序，应在保证质量的前提下，以减少刮削量和测量次数为原则，进行合理安排。如先刮削大的表面，后刮削小的表面；先刮削刚性较好的表面，后刮削刚性较差的表面。

④ 被刮削的导轨应用可调垫铁支承,支承位置要稳固合理。刮削前,要将导轨的水平位置或垂直位置调整好。

⑤ 工件上如果有与导轨关联的已加工面或孔,应以这些已加工面或孔为基准来刮削导轨面,以保证导轨面和已加工面、孔的相对位置精度。

导轨的刮削过程:刮削燕尾导轨时,要先将 A 面按标准平面刮好,然后以 A 面为基准刮削 B_1 面和 B_2 面,使其达到精度要求。刮好 B_1 和 B_2 面后,用 $\alpha = 55°$ 的角度直尺研刮 C_1 面和 C_2 面,使其达到精度要求。刮研 C_1 面和 C_2 面时,如先刮研 C_1 面,则在刮研 C_2 面时要边刮研边检测 C_2 面与 C_1 面的平行度误差,在保证接触精度的前提下,也要保证其平行度。C_1 面和 C_2 刮研好后,将动导轨放在支承导轨上配刮 D 面,使其达到精度要求,最后装上镶条,按精度要求和间隙误差将 E 面刮研好,如图 2-122 所示。

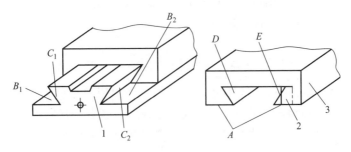

图 2-122 刮削燕尾导轨
1—支承导轨;2—镶条;3—动导轨

具体刮削步骤如下。

① 选择刮削量最大、导轨中最重要和精度要求最高的床鞍用导轨面 6、7 作为刮削基准[如导轨的截面图(图 2-120)所示]。用角度尺研点,刮削基准导轨面 6、7;用水平仪测量导轨直线度并绘制导轨曲线图。待刮削导轨直线度、接触研点数和表面粗糙度均符合要求为止。

② 以 6、7 面为基准,用平尺研点刮平导轨 2,并保证其直线度和与基准导轨面 6、7 的平行度要求。

③ 导轨刮削加工时以标准桥板长度来分段测量。

4. 导轨检验

导轨平行度检查如图 2-123 所示。此方法可以作为刮研过程中的一种检测手段,最终检测时,应使用精度更高的光学合像仪检测平行度,用光学自准直仪检测直线度。导轨在铅垂面内的直线度误差检测方法如图 2-124 所示。

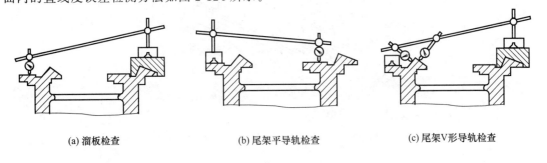

(a) 溜板检查　　　　　　(b) 尾架平导轨检查　　　　　　(c) 尾架V形导轨检查

图 2-123 导轨平行度检查

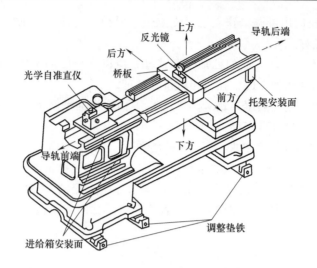

图 2-124　导轨在铅垂面内的直线度误差检测方法

导轨直线度检查方法如图 2-125 所示；检测铅垂面内床鞍导轨平行度的方法如图 2-126 所示。检验桥板沿导轨移动，一般测 5 点，得 5 个水平仪读数。横向水平仪读数差为导轨平行度误差。纵向水平仪用于测量直线度，根据读数即可计算误差线性值。

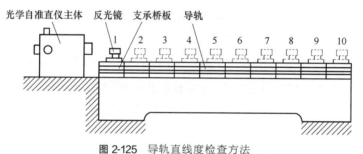

图 2-125　导轨直线度检查方法

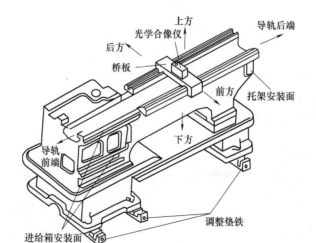

图 2-126　检测铅垂面内床鞍导轨平行度的方法

检测床鞍导轨在水平面内直线度，检测时只需将目镜镜头顺时针旋转 90°，使测微鼓轮的轴线方向与物镜光轴方向垂直即可。

以床鞍导轨为基准刮削尾座导轨 3～5 面,使其达到自身形状精度要求和对床鞍导轨的平行度要求。检测尾座导轨对床鞍导轨平行度的方法如图 2-127 所示。

将桥板横跨在导轨上,百分表座吸在桥板上,触头触及尾座导轨 3、4 或 5 面。沿导轨在全长上移动桥板,百分表的读数差即为导轨面间的平行度误差。

刮削压板导轨 1、8 面,达到其与床鞍导轨的平行度要求及自身的形状精度要求。测量溜板导轨与压板导轨平行度误差的方法如图 2-128 所示。

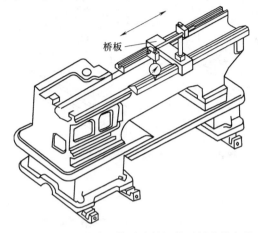

图 2-127 检测尾座导轨对床鞍导轨平行度的方法

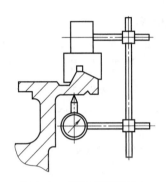

图 2-128 测量溜板导轨与压板导轨平行度误差的方法

(二) 床鞍配刮与床身装配

床鞍部件配合的精确性是保证刀架直线运动精度的关键,因此,床鞍的上、下导轨面要分别与床身导轨和刀架下滑座进行配刮。

1. 配刮横向燕尾导轨

① 将床鞍放在床身导轨上,可减少刮削时床鞍变形。以刀架下滑座的表面 2、3 为基准,配刮床鞍横向燕尾导轨表面 5、6,如图 2-129 所示。

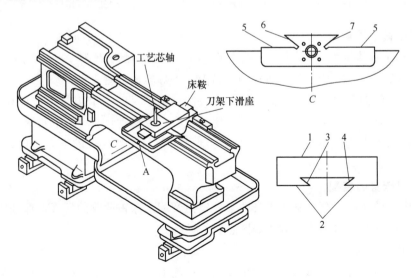

图 2-129 刮研床鞍上导轨面

② 推研时，手握检验棒棒，以保证安全。表面 5 和 6 刮后应满足对横向丝杠 A 孔的平行度要求。其误差在全长上不大于 0.02mm。检测床鞍上导轨面的方法如图 2-130 所示。

③ 修刮燕尾导轨面 7，保证其与表面 6 的平行度，以保证刀架横向移动的顺利进行。检测燕尾导轨平行度的方法如图 2-131 所示。

2. 配镶条

配镶条的目的是使刀架横向进给时有准确的间隙，并能在使用过程中不断调整间隙，从而保证刀架的寿命。

镶条按导轨和下滑座配刮，应使刀架下滑座在床鞍燕尾导轨全长上移动时，无

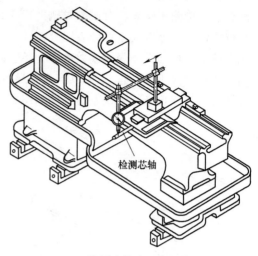

图 2-130 检测床鞍上导轨面的方法

轻重或松紧不均匀的现象，并保证大端有 10～15mm 的调整余量。燕尾导轨与刀架上滑座配合表面之间用 0.03mm 的塞尺检查，插入深度不大于 20mm。燕尾导轨的镶条如图 2-132 所示。

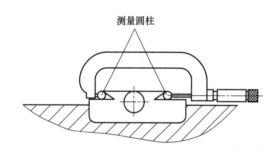

图 2-131 检测燕尾导轨平行度的方法

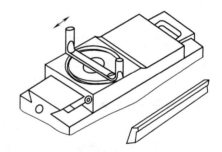

图 2-132 燕尾导轨的镶条

3. 配刮床鞍下导轨面

以床身导轨为基准刮研床鞍与床身的配合面，至接触斑点为 10～12 点/（25mm×25mm），并按如图 2-133 所示的方法检测床鞍上、下导轨面的垂直度。

测量时，先纵向移动床鞍，校正床头放的 90°直角平尺的一个边与床鞍移动方向平行，然后将一百分表移放到刀架下滑座上，沿燕尾导轨全长上移动，百分表的最大读数值就是床鞍上、下导轨面垂直度误差。超过允差时，应刮研床鞍与床身接合的下导轨面，直至合格，且本项精度只许偏向床头。

4. 床鞍与床身的装配

床鞍与床身的装配主要是刮研床身的下导轨面及配刮床鞍两侧的压板，保证床身上、下面的平行度。床鞍与床身的装配方法如图 2-134 所示。

（三）溜板箱安装

溜板箱的安装位置直接影响丝杠、螺母能否正确啮合，进给能否顺利进行，是确定进给箱和丝杠后托架安装位置的基准。确定溜板箱位置时应按下列步骤进行。

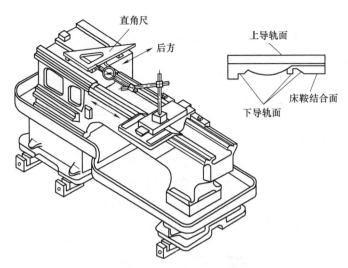

图 2-133 检测床鞍上、下导轨面的垂直度的方法

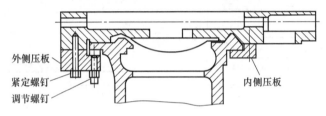

图 2-134 床鞍与床身的装配方法

1. 找正开合螺母中心线与床身导轨的平行度

在溜板箱的开合螺母体内卡紧一检验芯轴,在床身上检验桥板上紧固丝杠中心专用测量工具,如图 2-135(b)所示。分别在左、右两端校正检验芯轴上母线和侧母线与床身导轨的平行度,其误差在 0.15mm 以下。开合螺母中心线与床身导轨的平行度找正方法如图 2-135 所示。

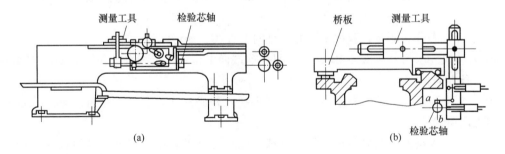

图 2-135 开合螺母中心线与床身导轨的平行度找正方法

2. 确定溜板箱左右位置

移动溜板箱,使床鞍横向进给传动齿轮副有合适的齿侧间隙。将一张厚 0.08mm 的纸放在齿轮啮合处,转动齿轮使印痕呈现将断与不断的状态为正常侧隙。此外,侧隙也可通过控制横向进给手轮空转量不超过 1/30 转来检查。溜板箱左右位置确定方法如图 2-136 所示。

3. 溜板箱最后定位

溜板箱预装精度校正后，应等到进给箱和丝杠后支架的位置校正后才能钻、铰溜板箱定位销孔，配作锥销实现最后定位。

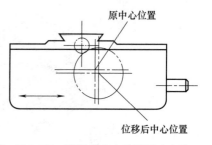

图 2-136 溜板箱左右位置确定方法

（四）进给箱和丝杠后托架安装

安装进给箱和丝杠后托架主要是保证进给箱、溜板箱、后托架三者丝杠安装孔的同轴度，并保证丝杠与床身导轨的平行度。先调整进给箱和后托架安装孔中心线与床身导轨的平行度，再调整进给箱、溜板箱和后托架三者丝杠安装孔的同轴度。调整合格后，进给箱、溜板箱和后托架即配作定位销钉，以确保精度不变。安装进给箱和丝杠后托架如图 2-137 所示。

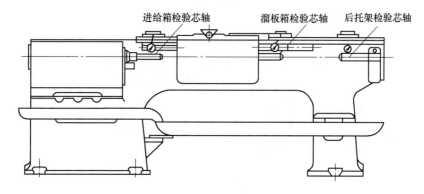

图 2-137 安装进给箱和丝杠后托架

具体步骤如下。

① 调整时主要保证进给箱、溜板箱和后托架上安装丝杠的三孔同轴度要求，并保证丝杠轴线与床身导轨的平行度要求。

② 在三孔内各装入配合间隙不大于 0.005mm 的检验棒，三根棒的外露测量棒的直径应相等。

③ 用百分表分别测量检验棒Ⅰ、Ⅱ、Ⅲ的上母线、侧母线。

④ 上母线要求为 0.02mm/100mm，只许前端向上偏；侧母线要求为 0.01mm/100mm，只许向床身方向偏。

⑤ 一次检验后，将检验棒退出，转 180°再插入检验一次，取 2 次测量结果的代数和之半，即为该项误差。

⑥ 若上母线超差，则以溜板箱的开合螺母轴线为基准，抬高或降低进给箱和后托架来调整。

⑦ 若侧母线超差，则以进给箱检验棒为基准，将溜板箱做前后调整，后托架则用垫片进行调整。

（五）丝杠、光杠安装

溜板箱、进给箱、后托架的三轴承孔同轴度校正后，就能装入丝杠、光杠。装配丝杠、光杠时，其左端必须与进给箱轴套端面紧贴，右端露出轴的倒角部分。当用手旋转光杠时，无论溜板箱在什么位置，都应转动灵活，手感轻重均匀，丝杠装入后应检验如下精度：测量丝杠两轴承中心线和开合螺母中心线对床身导轨的平行度，丝杠的轴向窜动。丝杠与导轨等距度及轴向窜动的测量如图 2-138 所示，主轴锥孔中心线和尾座套筒锥孔中心线对床身等高度的调整如图 2-139 所示。

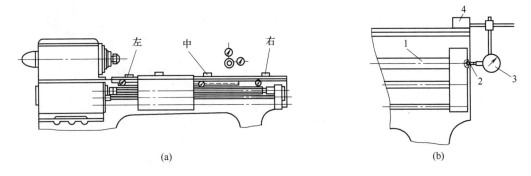

图 2-138　丝杠与导轨等距度及轴向窜动的测量
1—丝杠；2—钢球；3—平头百分表；4—磁力表座

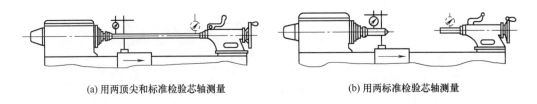

(a) 用两顶尖和标准检验芯轴测量　　　　(b) 用两标准检验芯轴测量

图 2-139　主轴锥孔中心线和尾座套筒锥孔中心线对床身等高度的调整

平行度用专用测量工具在丝杠两端和中间三处测量，测量时，为排除丝杠重量和挠度对测量结果的影响，溜板箱应在床身中部，开合螺母应是闭合状态，百分表在丝杠两端和中间 3 个位置处测量，3 个位置中对导轨相对距离的最大差值就是平行度误差。此项精度允差为：在丝杠上素线和侧素线上测量不超过 0.15mm。为消除丝杠弯曲误差对检验的影响，可旋转丝杠 180°再测量一次，取各位置两次读数代数和之半。

丝杠的轴向窜动测量：将钢球用润滑脂粘在丝杠后端的中心孔内，用平头百分表顶在钢球上。合上开合螺母，使丝杠转动，百分表的读数差就是丝杠轴向窜动误差，最大不应超过 0.015mm。

（六）主轴箱安装

主轴箱以底面和凸块侧面与床身接触来保证正确的安装位置。底面用来控制主轴轴线与床身导轨在垂直平面内的平行度；凸块侧面用来控制主轴轴线在水平面内与床身导轨的平行度。主轴箱的安装主要是保证这两个方向的平行度。主轴箱的安装方法如图 2-140 所示，主轴轴线与床身导轨平行度测量和调整方法如图 2-141 所示。

安装过程如下。

① 主轴箱安装在床身上后，在主轴锥孔内装入检验棒，将磁性表座固定在床鞍上，用百分表测量检验棒。主轴箱检测如图 2-142 所示；检验棒实物如图 2-143 所示。

② 如图 2-140 所示。测量位置 a（指检验棒上母线，测量时使百分表测头在垂直平面内垂直触及检验棒表面）是在垂直平面内的误差，要求在 0.03mm/300mm 内，只许向上偏；

测量位置 b（指检验棒侧母线，测量时使百分表测头在水平面内水平触及检验棒表面）是在水平面内的误差，要求在 0.015mm/300mm 内，只许向前（操作者方向）偏。

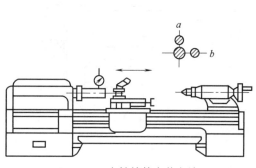

图 2-140 主轴箱的安装方法

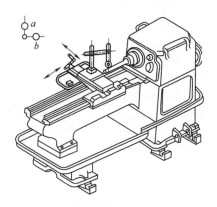

图 2-141 主轴轴线与床身导轨平行度的测量和调整方法

图 2-142 主轴箱检测
1—百分表；2—磁性表座；3—检验棒

图 2-143 检验棒实物

③ 垂直平面内的误差，通过修刮主轴箱与床身接合的底面进行校正；水平面内的误差，通过修刮主轴箱与床身接触的侧面进行校正。

（七）尾座安装

① 调整尾座的安装位置。以床身上尾座导轨为基准，配刮尾座底板，使其达到床鞍移动对尾座套筒伸出长度的平行度和床鞍移动对尾座套筒锥孔中心线的平行度两项精度要求。其测量方法如图 2-144、图 2-145 所示。

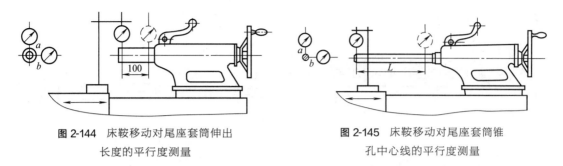

图 2-144 床鞍移动对尾座套筒伸出　　　　图 2-145 床鞍移动对尾座套筒锥
长度的平行度测量　　　　　　　　　　孔中心线的平行度测量

② 调整主轴锥孔中心线和尾座套筒锥孔中心线对床身导轨的等距度。此项误差只允许尾座方向高 0.06mm（控制在 0.05～0.07mm），若超差，可通过修刮尾座底板来达到要求。检测方法如图 2-146 所示，在装配修整过程中，将两根直径相等的 300mm 检验棒顶在两顶尖间，百分表固定在床鞍上，测量头在垂直平面触及检验棒，移动床鞍在检验棒两端进行检测。

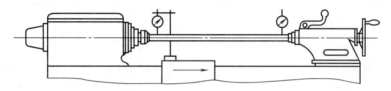

图 2-146 调整主轴锥孔中心线和尾座套筒锥孔中心线对床身导轨的等距度

（八）刀架安装

小刀架部件装配在刀架下滑座上，按图 2-147 所示方法测量小滑板移动对主轴中心线的平行度。若超差，通过刮削小滑板与刀架下滑座的接合面来修整。

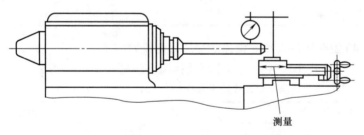

图 2-147 小滑板移动对主轴中心线的平行度测量

测量方法：先横向移动刀架，使百分表处在检验芯轴上素线最高点，再纵向移动刀架测量。

三、车床零部件检验与修理

（一）主轴精度的检查与修理

可以在 V 形架上测量主轴精度，如图 2-148 所示。

测量方法：将前后轴颈 1、2 分别置于 V 形架和可调 V 形架上，主轴后端孔中镶入一个带中心孔的堵头，孔内放一钢珠，钢珠顶住挡铁以控制主轴轴向移动。校正后转动主轴，用百分表分别检查各轴颈、轴肩及主轴锥孔相对轴颈 1、2 的径向圆跳动和端面圆跳动，也可以在车床上测量主轴精度，如图 2-149 所示。

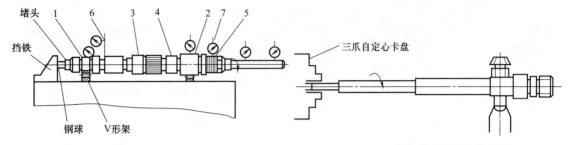

图 2-148 主轴精度的检查
1~7—测量表面

图 2-149 在车床上测量主轴精度

同时，还应检查主轴各配合部位的尺寸精度、圆度、表面粗糙度（是否有划伤等），并按照精度要求确定出修理部位。

主轴的精度检修见表 2-8。

▷ 表 2-8 主轴的精度检修

技术条件		工具、检具名称	工艺说明
要求项目	公差/mm		
①表面 1、2 的圆度、同轴度	0.05	等高 V 形角铁、百分表及磁性表座	①测量主轴精度以支承轴颈 1、2 为基准，回转主轴测得各项误差，也可采用其他方法与工具测量，并控制零件的精度 ②如主轴的锥部轴颈有微量变形，可用研磨方法修正 ③主轴前端内锥孔也可放在总装配时修正 ④用前轴承内环检验主轴轴颈锥部，保证大端接触率大于 50% 以上
②表面 3、4 对 1、2 的同轴度	0.01		
③表面 5 的径向圆跳动	0.008		
④表面 6 的端面圆跳动	0.01		
⑤表面 7 的端面圆跳动	0.008		
⑥1：12 锥度部分的接触精度	接触 50%		

（二）CA6140 型普通卧式车床常见故障原因与排除方法

CA6140 型普通卧式车床常见故障原因及排除方法见表 2-9。

▷ 表 2-9 CA6140 型普通卧式车床常见故障原因及排除方法

序号	故障现象	故障原因	排除方法
1	主轴箱冒烟；主轴轴承温升过高	缺少润滑油；摩擦片过紧发热；润滑位置不当；油量过少；主轴轴承过紧发热	排除润滑系统故障；添加润滑油；适当调松摩擦片和主轴轴承间隙
2	主轴闷车；大吃刀自行停车	摩擦片过松；传动带过松；齿轮未挂上挡	调整摩擦片间隙；张紧带或更换带；重新挂上齿轮
3	主轴停车太慢	制动带磨损；调节过松	调紧制动带或更换制动带
4	主轴箱变速位置不准	手柄定位销松退或拨叉磨损、断裂；齿轮错位；拨叉支杆轴向窜动	调紧定位销；更换拨叉；紧定拨叉支杆；齿轮重新定位
5	主轴箱漏油，噪声增大	箱盖不平整；轴承盖密封垫损坏或未压紧；回油孔堵塞；轴承磨损；齿轮啮合精度差	修整箱盖；更换密封垫并压紧；疏通回油孔；更换轴承；修研齿轮

续表

序号	故障现象	故障原因	排除方法
6	工件加工表面粗糙	主轴径向圆跳动、轴向窜动过大；床鞍及中、小滑板配合间隙过大；进给量过大	调整前轴承间隙；更换轴承，必要时调整后轴承；调整床鞍及中、小滑板配合间隙；减小进给量、刃磨刀具
7	车外圆产生椭圆	主轴径向圆跳动误差大；主轴轴承损坏	减小主轴径向间隙或更换轴承
8	切工件振动、崩刃	主轴径向圆跳动、轴向窜动大；床鞍及中小滑板配合间隙大；主轴前轴承外圈松动	调整主轴径向、轴向间隙或配换前轴承；调整床鞍及中小滑板间隙
9	车外圆产生锥度及圆柱度超差	主轴轴线对床鞍移动的平行度超差；床身导轨局部重度磨损	调整修刮使主轴轴线对床鞍移动的平行度误差符合要求，修刮床身导轨
10	车端面产生中凸；中滑板前后紧、中间松	中滑板横向移动对主轴轴线的垂直度超差；中间移动多，磨损大	刮研床鞍导轨校正垂直度；修刮中滑板两端导轨至松紧一致
11	强力切削产生振动	主轴松动；滑板配合间隙大	调整主轴轴承间隙或调整刮配滑板镶条、下压板间隙
12	小滑板进刀不准	丝杠螺母配合间隙大；丝杠弯曲；刻线盘松动	修整丝杠；配换螺母；紧固松动部位
13	中滑板进刀不准	丝杠螺母配合间隙大；丝杠弯曲；刻线盘松动	调整丝杠螺母间隙；校正丝杠；修理刻度盘
14	方刀架定位不准	定位套磨损或定位销卡死	修复或更换定位套、定位销；清洁刀架接触面
15	走刀停顿或无走刀	安全离合器过松；纵横向离合器及轴承损坏；操作不当	适当紧安全离合器；更换离合器或轴承；手柄调整到位
16	尾座中心过低	尾座底板磨损；尾座套筒磨损	更换底板；降低主轴中心高，底板加垫抬高；修换套筒；配锉尾座套筒孔
17	车螺纹螺距不准	丝杠螺母磨损或配合间隙大；丝杠弯曲；丝杠轴向窜动过大	修复校直丝杠；调整或配换开合螺母；减小丝杠轴向窜动
18	床鞍及滑板移动过紧	缺少润滑油；导轨配合面长期磨损，接触面大；下压板过紧	加注润滑油；修刮导轨面；调整下压板间隙

注：1. 序号15项目应注意在反向螺纹状态下无走刀。
　　2. 以上故障原因及排除方法均未包括刀具夹持和工件安装中存在的问题。

四、车床的试车和验收

(一) 静态检查

① 检查各传动件和操纵手柄，应运转灵活、操纵安全、准确可靠。用拉力器检查各手柄的转动力应符合要求。有刻度的手柄，其反回空程量不可超过规定。

② 检查各连接件应连接可靠。

③ 各滑动导轨在行程范围内移动时，应均匀平稳，无轻重不一的感觉。

④ 开合螺母机构应开合准确，无阻滞和过松的感觉。

⑤ 安全保护装置应安全可靠。

⑥ 润滑系统应畅通无阻，油液清洁，标记清楚。

⑦ 电气设备在启动和停止时，应安全可靠。

(二）空运转试验

① 机床主运动机构从最低转速起，依次升速运转，每级速度的运转时间不得少于5min。在最高转速时，应运转足够的时间（不得少于30min），使主轴轴承达到稳定温度70℃，温升少于40℃；滑动轴承温升不超过60℃，温升少于30℃。

② 操纵机床的进给机械做低、中、高进给量的空载运动。

③ 在所有转速下，机床的传动机械应工作正常、无明显冲击和振动，各操作机械工作应平稳可靠，噪声不超过规定标准。

④ 润滑系统应正常、可靠，无泄漏现象。

⑤ 电气装置、安全防护装置和保险装置应正常、可靠。

(三）负荷试验

1. 全负荷强度试验

① 试验目的是考核机床主轴传动系统能否承受设计所允许的最大转矩和功率。

② 试验方法是将尺寸为 $\phi 120mm \times 250mm$ 的45钢试件，一端卡盘夹紧，另一端用顶尖顶住。用YT5硬质合金的45°标准外圆车刀，在主轴转速为50r/min、背吃刀量为12mm、进给量为0.6mm/r的切削用量下，进行强力车外圆。

③ 要求在全负荷试验时，机床所有机构均正常工作，主轴转速不得比空运转时的转速降低5%以上。

④ 试验时，允许将摩擦离合器适当调紧些，等切削结束后再调松至正常状态。

2. 精车外圆试验

① 试验的目的是检验车床在正常工作温度下，主轴轴线与床鞍移动方向是否平行，主轴的旋转精度是否合格。

② 试验方法是在车床卡盘上夹持尺寸为 $\phi 80mm \times 250mm$ 的45钢试件，不用尾座顶尖。采用高速钢60°车刀，在主轴转速为400r/min、背吃刀量为0.15mm、进给量为0.1mm/r的切削用量下，精车外圆表面。

③ 要求试件的圆度误差不大于0.01mm；圆柱度误差不大于0.01mm/100mm；表面粗糙度 Ra 值不大于 $3.2\mu m$。

3. 精车端面试验

① 试验的目的是检查车床在正常工作温度下，刀架横向移动时对主轴轴心线的垂直度误差和横向导轨的直线度误差。

② 试件为 $\phi 250mm$ 的铸铁圆盘，用卡盘夹持。采用YG8硬质合金45°车刀，在主轴转速为250r/min、背吃刀量为0.2mm、进给量为0.15mm/r的切削用量下，精车端面。

③ 要求试件的平面度误差不大于0.02mm，而且只许中凹。

4. 车槽试验

① 试验的目的是考核车床主轴系统和刀架系统的抗振性能。检查主轴部件的装配精度和旋转精度，滑板和刀架系统刮研配合面的接触质量和配合间隙的调整是否合格。

② 试件为 $\phi 80mm \times 150mm$ 的45钢，用卡盘夹持，采用前角为8°~10°、后角为5°~6°、宽度为5mm的YT15硬质合金车刀，在主轴转速为200~300r/min、进给量为0.1~0.2mm/r的切削用量下，距卡盘端120mm处车槽，不应有明显的振动和振痕。

5. 精车螺纹试验

① 试验的目的是检查在车床上车螺纹时，传动系统的准确性。

② 试件为 ϕ40mm×500mm 的 45 钢，两端用顶尖安装，采用高速钢 60°标准螺纹车刀，在主轴转速为 20r/min，背吃刀量为 0.02mm，进给量为 6mm/r 的切削用量下车螺纹。

③ 要求螺距累计误差应小于 0.025mm/100mm，表面粗糙度 Ra 值不大于 3.2μm，且无振动波纹。

（四）精度检验

① 完成上述各项试验以后，在车床热平衡状态下，应根据机床几何精度和工作精度的验收标准，进行一次全面检查。

② 在精度检验过程中，不应对影响精度的机构或零件进行调整，否则应对检验过的有关项目重新复检，同时在复检前还要进行温升试验。

 训练：车床装配检测

车床检测需要正确使用相关工量具和测量方法，CA6140 型普通卧式车床验收项目单见表 2-10。

▷ **表 2-10　CA6140 型普通卧式车床验收项目单**

车床编号：＿＿＿＿＿＿＿＿＿＿＿＿＿＿＿＿＿

序号	验收项目	序号	验收内容	国家、行业相关标准	验收说明	备注
Ⅰ	随机附件	1	配件与装箱单是否相符			
		2	合格证			
		3	机床操作须知			
		4	电气说明书			
		5	机械说明书			
Ⅱ	设备外观	1	挂轮箱门（开焊、变形、脱落）			
		2	电源开关、照明开关、水泵开关			
		3	挂轮箱内部部件			
		4	主轴变速手柄（两个）			
		5	加大螺距手柄			
		6	丝杠、光杠变速手柄			
		7	进给变速手轮			
		8	主轴操纵手柄（操作杆）			
		9	滑板手柄、刻度盘			
		10	滑板外观（倒角）			
		11	刀架（倒角）			
		12	丝杠（螺纹尺寸、牙型角、粗糙度、直线度等）			
		13	光杠（粗糙度、直线度）			
		14	自动走刀手柄			
		15	开合螺母开合状态			
		16	卡盘			
		17	尾座（手柄、套筒等）			
		18	照明装置			
		19	冷却装置			
		20	导轨（表面粗糙度、硬度）			
		21	床身、三杠支座			
		22	其他附件（牙条、电机、急停启动按钮、油窗、托盘等）			

续表

序号	验收项目	序号	验收内容		国家、行业相关标准	验收说明	备注
		序号	检验项目		允差值 单位：mm	测量值	备注
Ⅲ	技术性能	1 (G1)	A-床身导轨调平： 纵向：导轨在垂直平面内的直线度		$500 < DC \leqslant 1000$　0.020（凸）；局部公差：任意250测量长度上为0.0075		
			床身导轨调平： 横向，导轨应在同一平面内		水平仪的变化：0.04/1000		
		2 (G3)	尾座移动对溜板移动的平行度： a. 在水平面内； b. 在垂直平面内		$DC \leqslant 1500$　a. 和 b. 0.03；局部公差：任意500测量长度上为0.02		
		3 (G4)	C-主轴 a. 主轴轴向传动； b. 主轴轴肩支撑面的跳动		a. 0.01；b. 0.02 包括轴向窜动		
		4 (G5)	主轴定心轴颈的径向圆跳动		0.01		
		5 (G6)	主轴轴线的径向圆跳动： a. 靠近主轴端面； b. 距主轴端面 Da/2 或不超过300mm处		a. 0.01； b. 在300测量长度上为0.02		
		6 (G7)	主轴轴线对溜板纵向移动的平行度；测量长度 Da/2 或不超过300mm a. 在水平面内； b. 在垂直平面内		a. 在300测量长度上为0.015向前； b. 在300测量长度上为0.02向上		
		7 (G8)	主轴顶尖的径向圆跳动		0.015		
		8 (G9)	D-尾座　尾座套筒轴线对溜板移动的平行度： a. 在水平面内； b. 在垂直平面内		a. 在100测量长度上为0.015向前； b. 在100测量长度上为0.02向上		
		9 (G10)	尾座套筒　锥孔轴线对溜板移动的平行度；测量长度 Da/4 或不超过300mm a. 在水平面内； b. 在垂直面内；		a. 在300测量长度上为0.03向前； b. 在300测量长度上为0.03向上		
		10 (G11)	E-顶尖 主轴和尾座两顶尖的等高度		0.04 尾座顶尖高于主轴顶尖		
		11 (G12)	F-小刀架　小刀架纵向移动对主轴轴线的平行度		在300测量长度上为0.04		
		12 (G13)	G-横刀架　横刀架横向移动对主轴轴线的垂直度		0.02/300 偏差方向 $\alpha \geqslant 90°$		
		13 (G14)	H-丝杠　丝杠的轴向窜动		0.015		
		14 (P1)	精车外圆： a. 圆度； b. 在纵截面内直径的一直性； 在同一纵向截面内测得的试件各端环带处加工后直径间的变化，应该是大直径靠近主轴端		$L=300$mm 时： a. 0.01； b. 0.04 其余 L 尺寸按 $L=300$mm 折算 a、b 值		
		15 (P2)	精车端面的平面度（只许凹）		$D=300$ 时为 0.025，其他 D 值按 $D=300$ 的 0.025 折算允差值		
		16	切槽		主轴间隙		

续表

序号	验收项目	序号	验收内容	国家、行业相关标准	验收说明	备注
	项目验收组		单 位	人员名单	签 名	备注
			采购方			
			供应商			
			制造商			
					验收时间：	

第三章

离心泵拆装

学习目标

◎能力目标
① 能正确使用各种工具、量具,对离心泵进行拆装、测量;
② 能正确调试离心泵,使其安全、稳定运行。

◎知识目标
① 了解离心泵各项装配、调整、调试的技术参数;
② 掌握正确的拆卸方法、步骤及其注意事项;
③ 掌握离心泵的结构、组成、零部件的装配关系;
④ 掌握离心泵的调试、运行方法。

第一节 离心泵基础知识

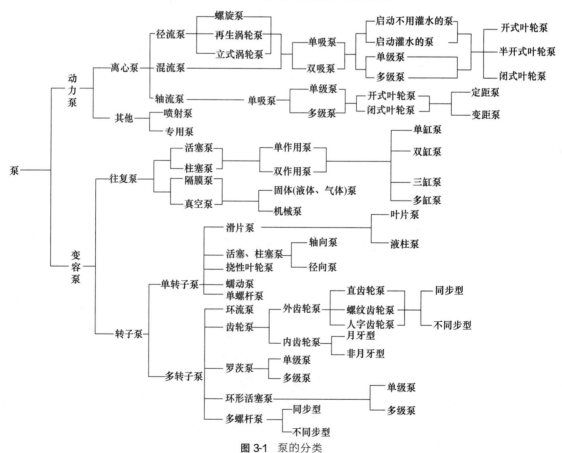

图 3-1 泵的分类

一、离心泵概述

(一) 泵的分类

泵是把原动机的机械能转换为所抽送液体能量的机器,用来输送并提高液体压力;它能够将液体从低处送往高处,从低压升为高压,或者从一个地方送往另一个地方。

泵的种类繁多,结构各异,分类多样,按结构特性和工作原理分类如图 3-1 所示。

常见泵的示意图如图 3-2～图 3-14 所示。

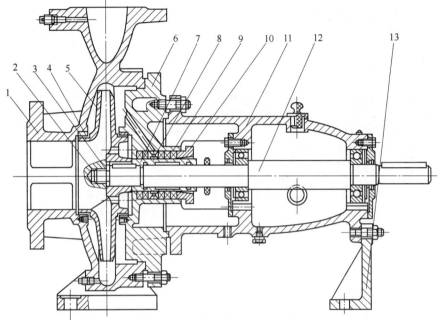

图 3-2 IS 型单级单吸离心泵示意图

1—泵体;2—叶轮螺母;3—止动垫圈;4—密封环;5—叶轮;6—泵盖;7—轴套;8—水封环;9—软填料;10—压盖;11—托架;12—泵轴;13—支脚

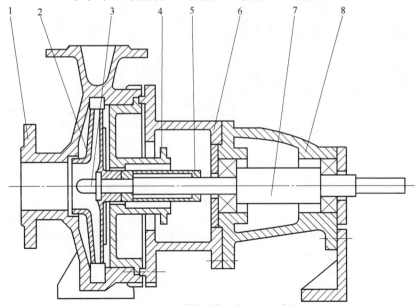

图 3-3 IH 型单级单吸离心泵示意图

1—泵体;2—叶轮;3—叶轮螺母;4—泵盖;5—密封部件;6—中间支架;7—泵轴;8—悬架部件

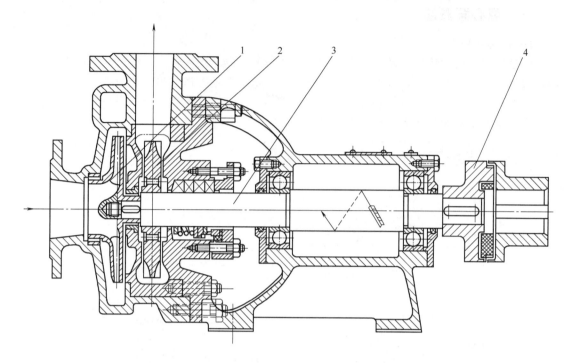

图 3-4 WX 型离心旋涡泵示意图
1—叶轮；2—隔板；3—泵轴；4—联轴器

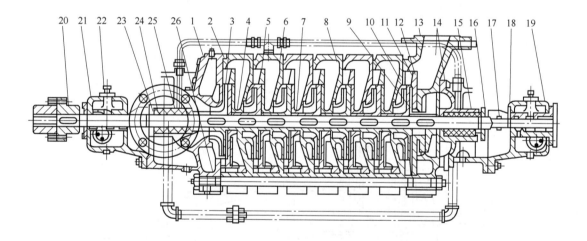

图 3-5 分段式多级离心泵示意图
1—进水段；2—中段；3—叶轮；4—轴；5—导轮；6—密封环；7—叶轮挡套；8—导叶套；
9—平衡盘；10—平衡套；11—平衡环；12—出水段导轮；13—出水段；14—后盖；
15—轴套乙；16—轴套锁紧螺母；17—挡水圈；18—平衡盘指针；
19—轴承乙部件；20—联轴器；21—轴承甲部件；
22—油环；23—轴承甲；24—填料压盖；
25—填料环；26—泵体拉紧螺母

第三章 离心泵拆装

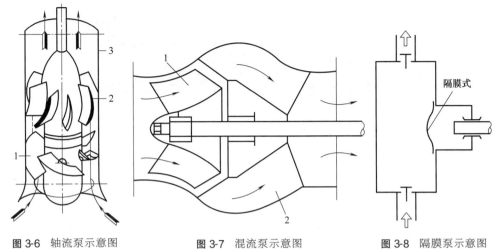

图 3-6 轴流泵示意图
1—叶轮；2—导流器；3—泵壳

图 3-7 混流泵示意图
1—叶轮；2—导叶

图 3-8 隔膜泵示意图

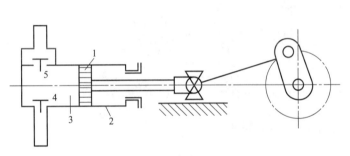

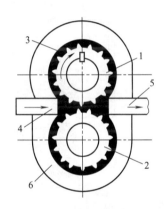

图 3-9 往复泵示意图
1—活塞；2—泵缸；3—工作室；4—吸水阀；5—压水阀

图 3-10 齿轮泵示意图
1—主动轮；2—从动轮；3—工作室；4—入口管；5—出口管；6—泵壳

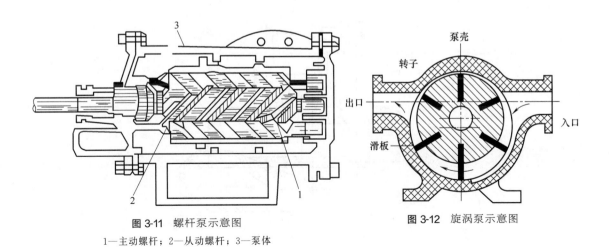

图 3-11 螺杆泵示意图
1—主动螺杆；2—从动螺杆；3—泵体

图 3-12 旋涡泵示意图

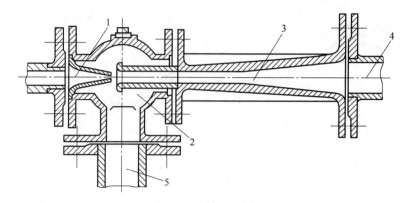

图 3-13 喷射泵示意图

1—喷嘴；2—吸入室；3—扩压管；4—压出管；5—吸入管

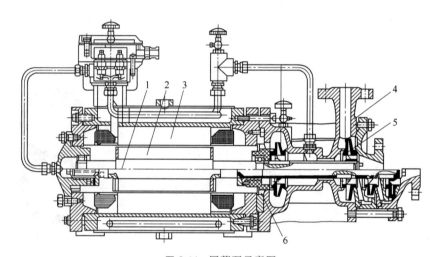

图 3-14 屏蔽泵示意图

1—轴；2—转子；3—定子；4—泵体；5—叶轮；6—轴承

常见泵的适用范围如图 3-15 所示。

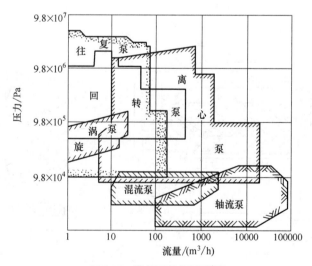

图 3-15 常见泵的适用范围

按用途分类：供料泵、循环泵、成品泵、高温和低温泵、废液泵、特殊用途泵等。

按输送介质分类：水泵、耐腐蚀泵、杂质泵、油泵等。

按产生的压头分类：低压泵（$p<2MPa$）、中压泵（$2MPa \leqslant p \leqslant 6MPa$）、高压泵（$p>6MPa$）。

（二）离心泵特点

离心泵具有性能适用范围广、体积小、结构简单、操作容易、流量均匀、故障少、寿命长、购置费和操作费均较低等突出优点，因此在工业生产中应用最为广泛。但是离心泵无自吸能力，启动前需灌满液体，易发生汽蚀。泵效率受液体黏度影响大，扬程很高、流量很小时效率极低。

我国泵行业采用国际标准的有关标记、额定性能参数和系列尺寸，设计制造了新型号泵。其型号意义如下：

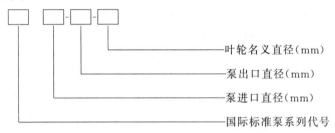

有时泵的型号尾部后还带有字母 A 或 B，这是泵的变形产品标志，表示在泵中装的是切割过的叶轮。离心泵基本型号代号见表 3-1。

▷ 表 3-1 离心泵基本型号代号

型号	名称	型号	名称
IS	国际标准型单吸离心水泵	Y	离心式油泵
B 或 BA	单级单吸悬臂式离心清水泵	YG	离心式管道油泵
S 或 sh	单级双吸式离心泵	P	屏蔽式离心泵
D 或 DA	多级分段式离心泵	Z	自吸式离心泵
DS	多级分段式首级为双级叶轮	F	耐腐蚀泵
KD	多级中开式单级叶轮	FY	耐腐蚀液下式离心泵
KDS	多级中开式首级为双吸叶轮	W	一般旋涡泵
DL	多级立式筒形离心泵	WX	旋涡离心泵

型号表示示例：

```
IH80-65-160A
IH——国际标准化工离心泵
80——吸入口直径，mm
65——排出口直径，mm
160——叶轮名义直径，mm
A——叶轮外径经第一次
     切割
```

```
IS80-65-160
IS——表示单级单吸悬臂式
     清水离心泵
80——泵吸入口直径，mm
65——排出口直径，mm
160——叶轮名义直径，mm
```

```
200D-43×9
200——吸入口直径，mm
D——分段式多级离心泵
43——泵设计点单级扬程，
     mm
9——泵的级数（叶轮数）
```

（三）离心泵的基本参数

流量：泵在单位时间内输送的液体量（体积或质量）。体积流量以 Q 表示，国际单位是

m^3/s;质量流量以 Q_m 表示,国际单位是 kg/s。

扬程 H:泵所抽送的单位重量液体通过泵后获得的能量,以 H 表示,单位 m。

转速 n:泵轴单位时间内的转数,单位为 r/min。

输入功率 P_a:原动机传到泵轴上的功率,故称轴功率。

有效功率 P_u:单位时间内从泵中输送出去的液体在泵中获得的有效能量,又称输出功率。

泵效率 η:泵有效功率与轴功率之比。

汽蚀余量 NPSH:为防止泵发生汽蚀,在其吸入液体具有的能量(压力)值的基础上,再增加的附加能量(压力)值,称此附加能量为汽蚀余量。

二、离心泵工作原理

电动机带动叶轮旋转时,叶轮中的叶片驱使液体一起旋转,因而产生离心力。在该离心力的作用下,叶轮中的液体沿叶片流道被甩向叶轮外缘,流经泵壳,送入排出管,在叶轮中间的吸液口处形成低压区。因此,吸液槽中的液体表面和叶轮中心处即产生压力差。在此压力差作用下,吸液槽中的液体便不断地经吸入管进入泵的叶轮,而叶轮中的液体又不断经排出管排出。离心泵靠内、外压力差不断吸入液体,依靠高速旋转获得能量,经压出室将部分动能转换为压力能,由排出管排出,这就是离心泵的工作原理。离心泵的装置示意图如图 3-16 所示,离心泵的工作原理如图 3-17 所示。

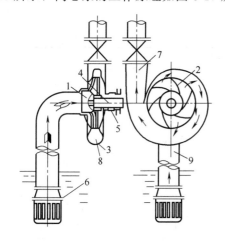

图 3-16 离心泵的装置示意图
1—叶轮;2—叶片;3—泵壳;
4—泵轴;5—填料函;6—底阀;
7—排出管;8—压出室;
9—吸入管

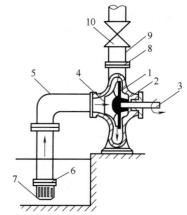

图 3-17 离心泵的工作原理
1—叶轮;2—泵壳;3—泵轴;
4—吸入口;5—吸入管;
6—底阀;7—滤网;8—排
出口;9—排出管;
10—调节阀

离心泵吸入管路上的底阀是单向阀,泵在启动前此阀关闭,保证泵体及吸入管路内能灌满液体。启动后此阀开启,液体便可以连续流入泵内。底阀下部装有滤网,防止杂物进入泵内堵塞流道。

离心泵在启动之前,泵及吸入管路内应灌满液体,在工作过程中吸入管路和泵体的密封性要好,若泵内进入空气,离心泵在运转过程中,常发生"气缚"现象,使泵不能正常工作。这是因为空气密度较液体密度小得多,在叶轮旋转时产生的离心作用很小,不能将空气压出，使吸液室不能形成足够的真空，离心泵便没有抽吸液体的能力。离心泵的一般装置如图 3-18 所示。

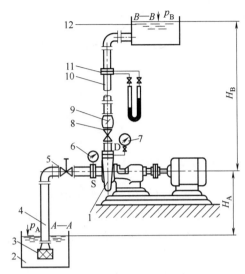

图 3-18　离心泵的一般装置

1—泵；2—吸液罐；3—底阀；4—吸入管；5—吸入管调节阀；6—真空表；7—压力表；
8—排出管调节阀；9—单向阀；10—排出管；11—流量计；12—排液罐；
S—泵进口；D—泵出口

三、离心泵安装高度

由离心泵工作原理可知，在离心泵叶轮中心附近形成低压区，这一压强与泵的吸上高度有关，当储液池上方压强一定时，泵吸入口附近的压强越低，则吸上的高度就越高。但是吸入口的低压是有限制的，这是因为当叶片入口附近的最低压强等于或小于输送温度下液体的饱和蒸汽压时，容易发生"汽蚀现象"。

汽蚀指金属表面受到压力大、频率高的冲击而剥蚀以及气泡内夹带的少量氧气等活泼气体对金属表面的电化学腐蚀等，使叶轮表面呈现海面状、鱼鳞状破坏的一种现象。为防止"汽蚀"的发生，设定泵的吸入口与吸入储槽液面间可允许达到的最大垂直距离为离心泵的允许安装高度，以 $[H_g]$ 表示。离心泵的实际安装高度 H_g 应小于允许安装高度，一般比允许值小 0.5~1m。离心泵的安装高度如图 3-19 所示。

泵入口到叶轮入口断面没有能量的加入，所以压力下降，但并不是最低点；根据测试叶轮内的最低点在叶片入口稍后的 K 处，汽蚀产生的条件为叶片入口附近 K 处的压强 p_K 等于或小于输送温度下液体的饱和蒸汽压，如图 3-20 所示。

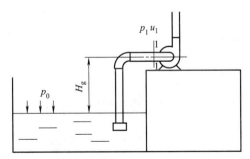

图 3-19　离心泵的安装高度

为了使泵内不发生汽蚀，至少应使泵内水流的最低压力高于在该温度下水饱和汽化压力（饱和蒸汽压）。那么在泵进口处的水流，除去压力水头要高于汽化压力水头外，水流总水头（总能头）还应比汽化压力水头高出富余量，才能

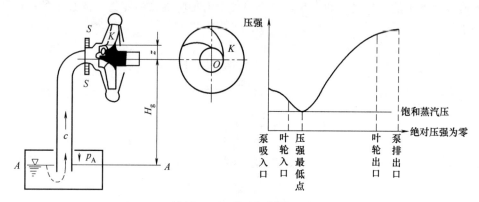

图 3-20 泵吸入口至泵排出口输送液体压强变化

保证泵内不发生汽蚀，这一富余量就是汽蚀余量。水泵内压力最低点的压力为输送温度情况下的饱和汽化压力时，水泵进口处的汽蚀余量为临界汽蚀余量，用 $(NPSH)_c$ 表示。将临界汽蚀余量适当加大，以保证水泵时不发生汽蚀的余量叫允许汽蚀余量，用 $(NPSH)_r$ 表示。一般规定：

$$(NPSH)_r = (NPSH)_c + 0.3 \tag{3-1}$$

利用汽蚀余量求离心泵的安装高度，公式如下：

$$[H_g] = \frac{p_a}{\rho g} - \frac{p_t}{\rho g} - (NPSH)_r - \sum h_s \tag{3-2}$$

式中 $[H_g]$——泵允许安装高度，m；

p_a——吸液池面上液体的压力，Pa；

p_t——输送温度下液体的饱和蒸汽压，Pa；

$(NPSH)_r$——允许汽蚀余量，m；

$\sum h_s$——吸入管路的阻力损失，m。

当应用公式求出结果 $[H_g] > 0$ 时，泵中心线可安装在吸入容器液面以上；当 $[H_g] = 0$ 时，泵安装位置可以吸入容器液面平齐（或不高于吸入容器液面）；当 $[H_g] < 0$ 时，泵的中心线应在吸入容器液面以下，否则工作时候会发生汽蚀。泵的几何安装高度为负值时，称为倒灌高度。

【例 3-1】 如图 3-21 所示，此工况环境下水饱和蒸汽压为 2337Pa，用离心泵将水槽中的液体送到表压为 0.127MPa 的储罐中，吸入管路阻力损失为 1.72m，排出管路阻力损失 10.74m，该泵样本中提供的允许汽蚀余量为 3.6m，问此泵的安装高度？

解：

$$[H_g] = \frac{p_a}{\rho g} - \frac{p_t}{\rho g} - (NPSH)_r - \sum h_s$$

$$= \frac{0.1 \times 10^6 - 2337}{1000 \times 9.8} - 3.6 - 1.72$$

$$= 4.45 \text{ (m)}$$

$$H_g = [H_g] - (0.5 \sim 1)$$

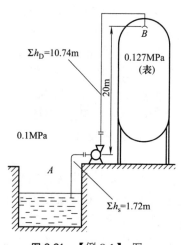

图 3-21 【例 3-1】图

此泵的最大几何安装高度可取 3.45m，实际安装高度不能大于 3.45m。

【**例 3-2**】 如图 3-22 所示，已知塔内液面上方的真空度为 500mmHg。釜液的密度为 890kg/m³，用泵将精馏塔中的液体送到储槽中，吸入管路阻力损失 0.8m，所用泵样本上提供的允许汽蚀余量为 2.0m，问此泵能否正常工作？

解：
由于减压精馏塔上的液体处于沸腾状态，则：

$$[H_g] = \frac{p_a}{\rho g} - \frac{p_t}{\rho g} - (NPSH)_r - \sum h_s$$

$$= -2.0 - 0.8 = -2.8 \text{（m）}$$

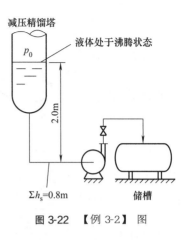

图 3-22 【例 3-2】图

而实际泵的安装高度为 -2m，$[H_g] < -2$m，可见此泵安装不当，泵会发生汽蚀。这种泵入口在液面以下的情况，在化工厂、石化厂及炼油厂很常见。

四、离心泵的选择

离心泵的性能曲线是选择离心泵的重要依据，人们按照泵的类型，将同一类型泵中每种型号泵的高效工作区综合地绘制在同一张坐标图中，成为同类型泵高效工作区的综合图，称为离心泵性能曲线型谱图，可根据图谱进行离心泵的选型。IS 和 IH 型泵型谱图如图 3-23 所示。

选择泵的步骤与方法。

1. 搜集基础数据

根据工艺条件，详细列出数据，包括介质物理性质（密度、黏度、饱和蒸汽压、腐蚀性等）、操作条件（操作温度、泵进出口两侧设备内的压力、处理量等）以及泵所在位置情况，如环境温度、海拔高度、装置要求、进排出设备内液面至泵中心线距离和一定的管路等。

2. 泵的参数选择及计算

根据原始数据和实际需要，留出合理的裕量，合理确定运行参数，作为选泵计算的依据。

当工艺设计中给出正常流量、最小流量和最大流量时，选泵时可直接采用最大流量。若只给出装置的正常流量，则应采用适当的安全系数估算泵的流量。当工艺设计中给出所需扬程值时，可直接采用；若没有给出扬程值而需要估算时，一般先绘出泵装置的立面流程图，标明离心泵在流程中的位置、标高、距离、管线长度及管件数等，计算流动损失。必要时再留出余量，最后确定泵需提供的扬程。

3. 离心泵选型

根据被输送介质的性质，确定选用泵的类型。当被输送介质腐蚀性较强时，应从耐腐蚀泵的系列产品中选取；当被输送介质为石油产品时，应选用油泵等。

将流量 Q 和扬程 H 值标绘在该类型泵的系列性能曲线型谱图上，交点 P 落在切割工作区四边形中，即可读出该四边形上注明的离心泵型号。如果交点 P 不是恰好落在四边形的上、下边上，则选用该泵后，可以应用改变叶轮直径或工作转速的方法，以改变泵的性能曲

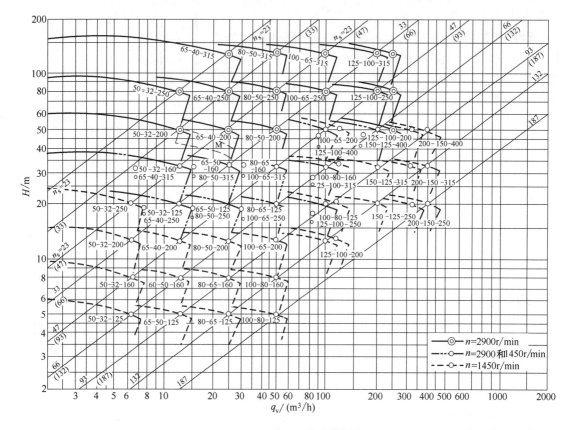

图 3-23 IS 和 IH 型泵型谱图

线,使其通过交点 P。这时应从泵样本或系列性能规格表中查出该泵输送水时的特性以便换算。假如交点 P 并不落在任一个工作区四边形中,而在某四边形附近,这说明没有一台泵能满足工作点参数,并使其处在效率较高的工作范围内工作。在这种情况下,可适当改变台数或泵的工作条件(如采用排出阀调节等)来满足要求。

在选用多台离心泵时,应尽可能采用型号相同的泵,以便于操作和维修。

4. 核算泵的性能

进行有关校核计算,验证所选的泵是否满足使用要求,如所要求的工况点是否落在高效工作区。为了保证泵的正常运转,防止发生汽蚀,要根据流程图布置,计算出最差条件下泵入口的有效汽蚀余量与该泵的必需汽蚀余量相比较。根据泵的必需汽蚀余量计算出泵允许几何安装高度 $[H_g]$,并与工艺流程图中拟确定的安装高度相比较。若不能满足要求,需选择其他泵,或变更泵的位置等。

5. 计算泵的轴功率和驱动机功率

根据泵所输入的工作点,求出泵的轴功率,应考虑 10%~15% 储备功率。目前很多类型泵已做到与电机配套,只需要进行校核即可。

【例 3-3】 选一台输送清水的离心泵,以满足流量 $Q=36\mathrm{m}^3/\mathrm{h}$、$H=30\mathrm{m}$ 的要求。

解:根据输送液体的性质、流量和扬程的要求可选用 IS 型水泵。

查 IS 和 IH 型泵的型谱图,对应于 $Q=36\mathrm{m}^3/\mathrm{h}$、$H=30\mathrm{m}$ 的点,位于注有 IS80-65-160

字样的扇形区域内。这表明选用泵的型号应为 IS80-65-160，转速为 2900r/min。

再查 IS 单吸单级离心泵性能表，查出该泵的相应性能参数，核算泵的性能；再集散泵的轴功率和驱动机功率，选择电动机配套。

五、离心泵的基本结构及主要零部件

（一）离心泵的基本结构

离心泵的品种很多，各种类型泵的结构虽然不同，但主要部件基本相同。主要零部件有泵体、泵盖、叶轮、泵轴和托架等。托架内装有支承泵转子的轴承，轴承通常由托架内润滑油润滑，也可以用润滑脂润滑。在叶轮上一般开有平衡孔，用于平衡轴向力，剩余轴向力由轴承来承受。轴封装置一般为填料密封或机械密封。

（二）离心泵的主要零部件

1. 叶轮

叶轮是离心泵中将驱动机输入的机械能传给液体，并转变为液体静压能和动能的部件。叶轮从外形上可分为闭式、半开式和开式三种，如图 3-24（a）～（c）所示。其中闭式叶轮的效率较高，制造难度较大，在离心泵中应用最多。叶轮按吸入方式又可分为单吸式叶轮和双吸式叶轮 [图 3-24（d）]。

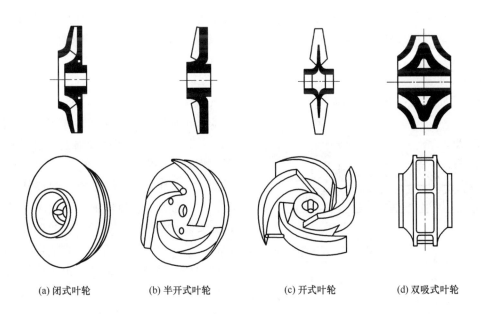

(a) 闭式叶轮　　(b) 半开式叶轮　　(c) 开式叶轮　　(d) 双吸式叶轮

图 3-24　离心泵叶轮结构

2. 泵体

泵体（又称壳体或泵壳）是泵形成包容和输送液体的泵外壳的总称。泵体的作用是收集来自叶轮的液体，并使部分液体的动能转换为压力能，最后将液体均匀地导向排出口。

3. 泵轴

泵轴是用来旋转叶轮并传递转矩的，它一端以键和锁紧螺母固定叶轮，另一端则与联轴器（节）等连接。

4. 轴封装置

在离心泵的泵轴与泵壳之间存在着间隙，需设置轴封装置以防止泄漏，常用的轴封有填料密封、机械密封、骨架橡胶密封和浮动环密封等，如图3-25所示。

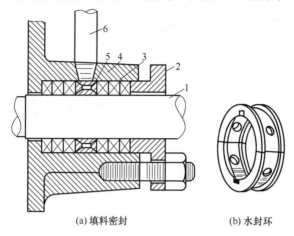

(a) 填料密封　　　　(b) 水封环

图 3-25　填料密封结构

1—轴；2—压盖；3—填料；4—填料箱；5—水封环；6—压紧螺栓

填料密封由填料、压盖和压紧螺栓等组成，是目前普通离心泵最常用的一种轴封结构。填料密封效果可用拧紧压盖螺栓进行调整，拧紧程度以1s内有一滴水漏出即可。

机械密封是一种应用广泛的旋转轴动密封，是无填料的密封装置，形式多样，一般由动环、静环、弹簧和密封圈等组成。这种密封装置是动环靠密封腔中液体的压力和弹簧的压力，使其断面贴合在静环的端面上，形成微小的轴向间隙，从而阻止介质泄漏而达到密封的目的。机械密封的基本结构如图3-26所示。

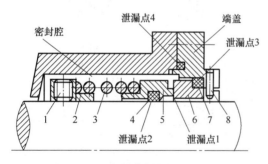

图 3-26　机械密封的基本结构

1—紧定螺钉；2—弹簧座；3—弹簧；4—动环辅助密封圈；5—动环；6—静环；7—静环辅助密封圈；8—防转销

机械密封安装在旋转轴上，密封腔内有紧定螺钉1、弹簧座2、弹簧3、动环辅助密封圈4、动环5，它们随轴一起旋转。其他零件包括静环6、静环辅助密封圈7和防转销8安装在端盖内，端盖与密封腔体用螺栓连接。轴通过紧定螺钉1、弹簧座2、弹簧3带动动环5旋转，而静环6由于防转销8的作用而静止于端盖内。动环5在弹簧力和介质压力的作用下，与静环6的端面紧密贴合，并发生相对滑动，阻止了介质沿端面间的径向泄漏（泄漏点1），构成了机械密封的主密封摩擦副。磨损后在弹簧3和密封流体压力的推动下实现补偿，始终保持两密封端面的紧密接触。动、静环中具有轴向补偿能力的称为补偿环，不具有轴向补偿能力的称为非补偿环。图3-26中动环5为补偿环，静环6为非补偿环。动环辅助密封圈4阻止了介质可能沿动环与轴之间间隙的泄漏（泄漏点2）；而静环辅助密封圈7阻止了介质可能沿静环与端盖之间间隙的泄漏（泄漏点3）。

图3-27为一种机械密封的结构形式。

机械密封具有诸多特点：泄漏量可以限制到很少，寿命长，运转中不用调整，耐振性比径向密封好，使用 p、V 值不断提高，结构复杂、拆装不便等。

5. 密封环

密封环用来减小高速转动的叶轮和固定的泵壳之间的缝隙，从而减少泵壳内由高压区泄漏到低压区的液体量，结构如图 3-28 所示。

六、离心泵维护检修规程

离心泵维护检修规程规定了离心泵的检修周期与内容、检修与质量、试车与验收、维护与故障处理，是离心泵维护和检

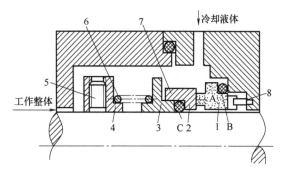

图 3-27 机械密封的结构形式

1—静环；2—动环；3—动环座；4—弹簧座；5—固定螺钉；
6—弹簧；7—动环；8—防转销；A—静环；B，C—O形密封圈

修的指导性文件，如适用于石油化工常用离心泵的 SHS 01013—2004《离心泵维护检修规程》，见附录二。

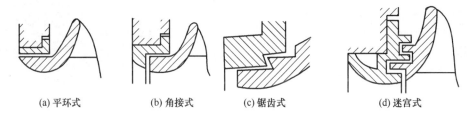

图 3-28 密封环的结构

第二节 单级单吸离心泵的拆卸

离心泵种类繁多，不同类型的离心泵结构相差甚大，要做好离心泵的拆装修理工作，首先必找出拆卸难点，制订合理方案，才能保证拆卸顺利进行。具体做到：熟悉泵的结构，做到正确的拆卸；认真清洗、检查、修理或更换；做好标记、记录；精心组装，保证各零件之间的相对位置及各部件间隙；文明施工，禁止野蛮操作。

一、拆卸准备

（一）掌握泵的运转情况，熟悉泵管路系统

图 3-29 为某离心泵拆装实训室管路情况。

弄清楚管路系统，包括：

① 离心泵管路的基本组成；

② 电动机的电气线路；

③ 各阀门（包括闸阀、截止阀、球阀、过滤阀、止回阀）的作用；

④ 静密封（螺栓-法兰-垫片系统）、填

图 3-29 某离心泵拆装实训室管路情况

料密封（阀门轴封）、泵机械密封原理；

⑤ 各部分拆装方法。

(二) 备齐检修工具、量具、起重机具、配件及材料

拆装工具：手锤、扳手（包括活扳手和专用扳手，其中专用扳手分为开口扳手、整体扳手、套筒扳手、内六角扳手、锁紧扳手等）、管子钳、撬棍、螺丝刀、整形锉、内六角扳手、拉马（扒轮器）、紫铜棒等。

量具：游标卡尺、深度卡尺、外径千分尺、内径千分尺、内卡钳、外卡钳、量块、钢板尺、角尺、螺纹规、塞尺、千分表等。

清洗准备：油盒、毛刷、棉纱、清洗剂（如汽油、水溶性清洗剂、煤油和柴油）。

其他准备：零件备用件、密封备用件、计算器等。

常用工、量具如图 3-30 所示，化工设备检测仪如图 3-31 所示。

图 3-30 常用工、量具

图 3-31 化工设备检测仪

(三) 离心泵解体准备

为了保证离心泵解体的顺利进行，在解体前需做充分准备，见表 3-2。

表 3-2 离心泵的解体准备

序号	实施过程	要点
1	切断电源及设备与系统的联系，确保拆卸时安全	注意安全
2	关闭入口阀门，隔绝介质来源	找准隔绝介质来源、入口阀门
3	打开放液阀，消除泵体及相连管道内的残余压力，放净泵体及相连管道内的介质	打开排气阀，保证回路畅通，确保液体可排出
4	打开泵体丝堵，放净泵内残余液体 打开托架油箱丝堵，放油	丝堵
5	拆除联轴器连接螺栓	螺栓

续表

序号	实施过程	要点
6	拆下电动机机座螺栓,将电动机与泵体分离	

二、离心泵的拆卸

(一) 拆卸

IH 型离心泵的拆卸过程见表 3-3。

▷ 表 3-3　IH 型离心泵的拆卸过程

序号	实施过程		要点
1	拆卸泵体	拆卸支脚、托架连接螺钉,拆下支座 注意:若螺栓锈蚀,除选用合适的扳手外,应该先用手锤对螺栓进行敲击振动,使锈蚀层松脱开裂,以便于机座螺栓的拆卸	 拆卸支脚
		拆下泵后盖紧固螺栓,分离泵体与悬架(托架) 注意:泵盖与泵体之间的密封垫,有时会出现黏结现象,这时可用手锤敲击通芯螺丝刀,使螺丝刀的刀口部分进入密封垫,将泵盖与泵体分离开来	 拆卸螺栓
		泵体移放到平整宽敞的地方或工作台上,以便解体	注意安全
2	拆卸叶轮及泵盖	用专用扳手卡住前端的叶轮螺母,沿离心泵叶轮的旋转方向拆除螺母	

续表

序号		实施过程	要点
2	拆卸叶轮及泵盖	用双手将叶轮从轴上拉出,拆卸垫片	
		拆卸轴承压盖螺栓,将泵密封压盖从泵轴上卸下 注意:防止机械密封轴套掉落	
		拆卸机械密封	
6	拆卸泵轴组件	用拉力器将离心泵的半联轴器拉下来,并且用通芯螺丝刀将平键冲下来	
		拆卸轴承压盖螺栓,并把轴承压盖拆除	
		手锤敲击泵轴(螺母),将轴承与主轴一起拆下	

续表

序号		实施过程	要点
6	拆卸泵轴组件	用拉力器或压力机将滚动轴承从泵轴上拆卸下来	根据需要确定轴承是否拆卸 轴承拆卸方法见第二章滚动轴承的装配
7	拆卸零件放置	检查各零部件	

注意事项：

① 按泵的拆卸程序进行，有些组合可不拆尽量不拆。

② 各零部件、工量具应有秩序地放置，以免修后组装时互相搞错。尽管有些零件（如叶轮、轴瓦、轴套等）有互换性，组装时也不应随意调换位置。否则，转子的平衡就要受到影响，原来跑合过的配合件又要重新跑和，或出现其他问题。

③ 拆卸间隙很小的零件，拆卸时要防止左右摆动，碰坏零件。

④ 在分离两相连零件时，若钻有顶丝孔，应借助顶丝拆卸，两相连零件因锈蚀或其他原因拆不开时，可用煤油浸泡一段时间再拆；若仍拆不开，可将包容零件加热，当包容零件受热膨胀，被包容零件还未膨胀时，迅速将两相连零件分开。

⑤ 拆卸机座螺栓处垫片时，应将统一机座螺栓处的垫片放在一起，回装时仍装在原处。这样可以减少回装过程中调整电动机与泵轴同轴度的工作量。

⑥ 拆卸时尽量使用专用工具。

(二) 清洗

拆卸工作完成后需对零部件进行清洗，清洗工作的质量将直接影响检查与测量的精度。常用清洗用具包括清洗剂、毛刷与棉纱等。

由于常用的清洗剂有汽油、煤油、柴油和水溶性清洗剂等，多为易燃品，因此清洗零部件的过程中应注意防火，以免引起火灾；对零部件的清洗要尽量干净，特别应注意对尖角或窄槽内部的清洗工作；对滚动轴承的清洗一定要使用新的清洗剂，对滚动体以及内环和外环上跑道的清洗应特别细心认真。

清洗零部件包括泵轴、机械密封件、密封环、密封面。

(三) 检测

对于清洗后的零部件，应该认真地进行检查和测量。因为经过长时间运转的离心泵，各个零部件的尺寸和形状都发生了变化，因此，对零部件除要仔细检查其外表外，还应对它们做好有关的测量工作，主要包括以下检查内容。

1. 转子的检查与测量

离心泵的转子包括叶轮、轴套、泵轴及平键等零部件。

① 叶轮检查。

a. 叶轮腐蚀与磨损情况的检查。对于叶轮的检查，主要是检查叶轮被介质腐蚀的情况以及转动过程中被磨损的情况。长期运转的叶轮，由于受介质的冲刷或腐蚀，同时叶轮也可能与泵体、泵盖或密封环相互产生摩擦磨损，会降低叶轮的强度；另外，铸铁材质的叶轮，可能存在气孔或夹渣等缺陷。这种不均匀的缺陷和局部磨损，极易破坏转子的平衡，使离心泵产生振动，导致离心泵的使用寿命缩短。因而，应该对叶轮进行认真检查。

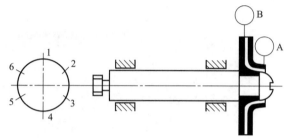

图 3-32 叶轮径向圆跳动量的测量

b. 叶轮径向圆跳动量的测量。叶轮径向圆跳动量的大小标志着叶轮的旋转精度，如果叶轮的径向圆跳动量超过了规定范围，在旋转时就会产生振动，严重的还会影响离心泵的使用寿命。具体测量方法如图 3-32 所示。

把叶轮的圆周分成六等份，分别做上标记，用手缓慢转动叶轮，每转到一个等分点，记录一次千分表的读数。同一测点上的最大值减去最小值，即为叶轮的径向圆跳动。一般情况下，叶轮进口端和出口端外圆处的径向圆跳动量要求不超过 0.05mm。

② 轴套磨损检测。轴套的外圆与填料函中的填料直接接触，两者之间产生摩擦，会使长期运转的离心泵轴套外圆上出现深浅不同的若干条圆环形磨痕。这些磨痕会影响装配后轴向密封的严密性，导致离心泵在运转时外泄漏的增加和出口压力的降低。对轴套磨损情况进行检查时，可用外径千分尺或游标卡尺测量其外径尺寸，将测得的尺寸与标准外径相比较。一般情况下，轴套外圆周上圆环形磨痕的深度要求不超过 0.5mm。

③ 泵轴检查。离心泵在运转中，如果出现振动、撞击或扭矩突然加大，将会使泵轴造成弯曲或断裂现象，因此应对泵轴及泵轴上的零部件（如与叶轮、滚动轴承、联轴器配合处的轴颈尺寸）进行测量，一旦发现测量值超过允许范围就必须进行处理。

泵轴直线度的测量方法如图 3-33 所示。

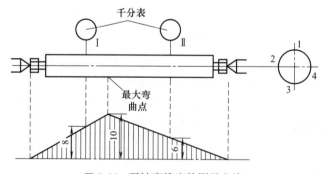

图 3-33 泵轴直线度的测量方法

将泵轴放置在车床的两顶尖之间，在泵轴上的适当位置设置两块千分表，将轴颈的外圆周分成四等份，并分别做上标记，即 1、2、3、4 四个分点。用手缓慢盘转泵轴，将千分表在四个分点处的读数分别记录在表格中，然后计算出泵轴的直线度偏差。

离心泵泵轴直线度偏差测量记录见表 3-4。

▫ 表 3-4 离心泵泵轴直线度偏差测量记录

测点	转动位置				弯曲量和弯曲方向
	1(0°)	2(90°)	3(180°)	4(270°)	
Ⅰ	0.36	0.27	0.20	0.28	0.08(0°);0.005(270°)
Ⅱ	0.30	0.23	0.18	0.25	0.06(0°);0.10(270°)

直线度偏差值的计算方法：直径方向上两个相对测点千分表读数差的一半，如Ⅰ测点的0°和180°方向上的直线度偏差为(0.36－0.20)÷2＝0.08（mm），90°和270°方向上的直线偏差度为（0.28－0.27)÷2＝0.005（mm）。用这些数值在图上选取一定的比例，可用图解法近似地计算出泵轴上最大弯曲点的弯曲量和弯曲方向。

另外，某些类型的泵轴也可在平板或平整的水泥地上将两端轴颈支撑在滚珠架或V形铁上进行测量，测量前应将轴向窜动限制在0.10mm以内，测量架装图如图3-34所示。

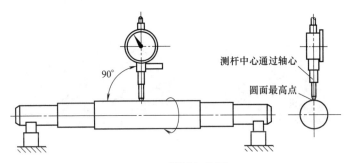

图 3-34 测量架装图

2. 滚动轴承的检查

滚动轴承清洗后，应对滚动轴承各构件进行仔细的检查，如发现存在裂纹、缺损、内外环无法轻松自如转动等问题，应更换新的滚动轴承。

滚动轴承经过一段时间的使用之后，轴向间隙会有所增大，进而破坏轴承的旋转精度，因此要进行轴向间隙的检查。常用的检测方法有手感法和压铅丝法。

手感法：用一只手握持滚动轴承的外环并沿轴向做猛烈的摇动，如果听到较大的响声，可以判断该滚动轴承的轴向间隙大小。

压铅丝法：可以比较精确地检查出滚动轴承的间隙。检查时，用直径为0.5mm左右的软铅丝插入滚动轴承内环或外环的滚道上；然后盘转轴承，使滚动体对铅丝产生滚压；最后，用千分尺测量被压扁铅丝的厚度，就是滚动轴承的间隙。对于轴向间隙大的轴承，通常要进行更换。

滚动轴承径向间隙的检查与轴向间隙的检查方法相似。同时，滚动轴承径向间隙的大小，基本上可以从它的轴向间隙大小来判断。

3. 密封环的检查

密封环与叶轮进口端外圆之间径向间隙的测量是利用游标卡尺来进行的。首先测得密封环内径的尺寸，再测得叶轮进口端外径的尺寸，然后计算出它们之间的径向间隙。计算出径向间隙数值应与泵的技术要求相对照，满足相应要求。密封环与叶轮进口端外圆之间，四周间隙应保持均匀。对于密封环与叶轮之间的轴向间隙，一般要求不高，以两者之间有间隙，而又不发生摩擦为宜。

4. 机械密封的检查

泵用机械密封件实物如图 3-35 所示。

(1) 拆卸机械密封

① 机械密封拆卸，如图 3-36 所示。

图 3-35 泵用机械密封件实物

图 3-36 机械密封拆卸图

② 拆卸密封动环、O 形圈、弹簧。机械密封件的解体图如图 3-37 所示。

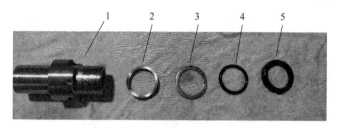

图 3-37 机械密封件的解体图

1—弹簧座与轴套；2—弹簧；3—弹簧压板；4—O 形圈；5—动环

(2) 密封组件检查

① 动环和静环贴合面的检查机械密封。动环和静环的贴合面是轴向密封的密封面，离心泵在运转一段时间后，应检查贴合面的磨损情况，检查时可用 90°角尺测量贴合面对中心线的垂直偏差。另外，对每个贴合面，应检查有无不平滑的划痕以及有无裂纹与凹陷等现象。

② 弹簧的检查。机械密封中，借助弹簧的弹性，使动环和静环产生贴紧力而实现密封。弹簧的弹性会因疲劳而减小，也会因弹簧的断裂而丧失。这些都直接影响机械密封的密封性能。

③ 密封压盖检查。检查是否有腐蚀变形，密封压盖与静环密封圈接触部位的表面粗糙度为 $Ra3.2\mu m$。

④ 密封轴套检查。轴套表面不得有锈斑、裂纹等缺陷，表面粗糙度 Ra 为 $1.6\mu m$；轴或轴套的径向圆跳动应为 $0.04\sim0.1mm$；泵轴的轴向窜动应不超过 $\pm0.5mm$。

⑤ 检查密封环有无破损、划痕、坑疤，密封圈是否老化变形。

⑥ 将密封压盖、密封轴套、密封动静环、密封圈清洗干净。

(3) 故障诊断

在分析和判断机械密封的故障时，应注意正确和全面地反映出故障的现象（做好记录、保存好损坏的密封元件，这点往往被忽视）；应注意解体前后有的放矢地拆开密封箱检验和判断，切忌急于拆卸而造成不必要的元件损坏和人力浪费。

在故障检查时，可以按照下列方法来进行检查：收集整套密封元件（将所有元件收集在一起做检查和分析);检查磨损痕迹(磨损图像);检查密封面;检查密封的驱动(传动)件;检查弹性元件;检查摩擦碰撞的情况。

一般机械密封故障分析时常见的故障现象和纠正措施见表 3-5。

表 3-5　机械密封故障分析

故障现象	可能原因	纠正措施
密封工作时气震(飞溅和溅射)	整个密封面产品汽化和(或)闪蒸	①如有可能在密封工作范围内提高密封箱压力 ②精确测定轴封箱压力、温度和产品重度,检查并选用合适的面积比 ③采用合适的冷却和冲洗方式,降低密封箱内产品温度 ④如有可能,采用合适的蒸汽背冷,稳定在气相下工作
密封泄漏和法兰结冰	密封面产品汽化并闪蒸	应注意结冰会使密封面划伤,特别是石墨环,汽化问题纠正后,必须重新研磨或更换新的石墨环
密封面稳定滴漏	如有可能首先应确定泄漏源(位置)。检查压盖垫片压缩量是合适 ①密封面可能不平直(压盖螺栓上得太紧,使静环表面翘曲),安装时石墨环密封面有开裂、凹口、切边、刻痕或被尘粒划伤 ②也可能是轴套处液体泄漏,泄漏严重处通常是密封面,而不是O形圈	①检查安装长度是否正确 ②检查所用密封或者材料是否合适 ③检查压盖垫圈压缩量是否合适 ④检查压盖螺栓是否上得过紧致使密封面变形 ⑤清除密封面间任何外来杂质 ⑥检查所有安装情况,有损坏件应更换 ⑦检查轴封箱端面与轴线垂直度 ⑧保证管线变形或机泵未对中不影响密封面变形 ⑨改进冷却和冲洗
	O形圈老化、永久变形、变硬、黏住和擦伤	换新
	弹簧失效,金属构件冲蚀、腐蚀和传动件腐蚀	换新元件,检查并改进材料,改进循环流程,降低高速射流,安装旋流分离器去除循环液中的固体颗粒
工作时密封尖叫	密封面润滑液不足	添设旁路冲洗设备或加大已有冲洗线冲洗量
法兰外侧有石墨环粉尘积聚	密封面润滑液不足,密封面间液膜汽化或闪蒸;在某些情况下,可能是残渣磨掉碳石墨环 也可能是轴封箱压力超过该密封和密封流体允许范围	纠正措施与解决汽化或闪蒸相同
泵和(或)轴振动	未对中或叶轮和(或)轴不平衡、汽蚀或轴承问题	缩短密封寿命,不能立刻见到密封泄漏,可以根据维修标准纠正上述问题
密封寿命短	流体中含有磨粒,造成剧烈磨损,缩短密封寿命	利用冲洗保持磨粒运动,减少密封区内沉积
	产品冷却结晶或部分固化	增大冲洗量以冲走磨粒或采取加热措施

泵机械密封泄漏原因及检修见表 3-6。

表 3-6　泵机械密封泄漏原因及检修

故障现象	可能原因	纠正措施
静泄漏	当更换新机封后,进行静压试验,如泄漏量少于 10 滴/min,则可认为在正常范围内;如泄漏量较大,且向四周喷射,则表明动、静环密封圈安装存在问题	重新调配
正常运转中突然泄漏	排除静密封点泄漏外,运转过程中泄漏主要是由于动环、静环液膜受破坏所致,引起密封失效的原因主要有以下几点 ①泵体内抽空造成,泵体内无液体,使动、静环面无法形成完整的液膜 ②安装过程中动环面压缩量过大,导致运转过程中,短时间内动环、静环两端面严重磨损、擦伤,无法形成密封液膜 ③动环密封圈制造安装过紧,轴向力无法调整动环的轴向浮动量,动、静环之间液膜厚度不随泵的工况发生变化,造成液膜不稳定 ④工作介质中有颗粒状物质,运转中进入动、静环端面,损伤动、静环密封端面,无法形成稳定液膜 ⑤颗粒状物质中进入环弹簧元件(或波纹管)时,造成动环无法调整轴向浮动量,造成动、静环端面间隙过大,无法形成稳定液膜	大多需要重新拆装机械密封,有时需要换机械密封,有时仅需清洗机械密封
	少数是因正常磨损或已达到使用寿命	
	大多数是由于工况变化较大引起的,如抽空导致密封破坏;高温加剧泵体内油气体分离,导致密封失效	

(4) 安装要求

安装机械密封的工作长度由装配图确定,弹簧的压缩量取决于弹簧座在轴上的定位尺寸。首先固定轴与密封腔壳体的相对位置(以壳体垂直于轴的端面为基准),并做记号,然后计算弹簧座的定位尺寸位置。若安装位置不当,弹簧比压过大或过小易使机械密封早期磨损、烧伤或泄漏量增大。

在轴上安装机械密封的表面涂一层薄薄的润滑油,减少摩擦阻力。若不宜用油,可涂肥皂水。

非补偿环与压盖一起装在轴上时,注意不要与轴相碰,以免密封环受损伤,然后将补偿环组件装入。弹簧座的紧固螺钉应分几次均匀拧紧。

在未固定压盖之前,应检查是否有异物黏附在摩擦副的接触端面上,用手推补偿环做轴向压缩,松开后补偿环能自动弹回,无卡滞现象,然后将压盖螺钉均匀地锁紧。

不要损伤密封圈及密封端面,注意弹簧座不要偏斜,保证静环密封端面与轴的同轴度。

(5) 注意事项

① 弹簧压缩量不是越大,密封效果越好。

弹簧压缩量过大,会导致石墨环龟裂、摩擦副急剧磨损、瞬间烧毁。过度压缩使弹簧失去调节动环的能力,导致密封失效。

② 动环密封圈不是越紧越好。

动环密封圈过紧有害无益:一是加剧密封圈与轴套间的磨损;二是增大了动环轴向调整的阻力,在工况变化频繁时,无法适时进行调整;三是使弹簧过度疲劳易损坏,动环密封圈变形，影响密封效果。

③ 静环密封圈不是越紧越好。

静环密封圈基本处于静止状态，相对较紧时，密封效果会好些，但过紧也是有害的。如引起静环变形，静环材料以石墨居多。一般较脆，过度受力则碎裂；安装、拆卸时困难，极易损坏静环。

④ 叶轮锁母不是越紧越好。

机械密封泄漏中，轴套与轴之间的泄漏是比较常见的。一般认为，轴间泄漏就是叶轮锁母没有锁紧。其实，导致轴间泄漏的因素较多，如轴间垫失效、偏移、轴间有杂质、轴与轴套配合处有较大的形位误差、接触面破坏、轴上各部件有间隙、轴头螺纹过长等都会导致轴间泄漏。锁母锁紧过度，只会导致轴间垫过早失效，相反适度锁紧锁母，使轴间垫始终保持一定的压缩弹性，在运转中锁母会自动适时锁紧，使轴间始终处于良好的密封状态。

⑤ 新的比旧的好。

相对而言，新机械密封的效果好于旧的。但新机械密封的质量或材料选择不当，配合尺寸误差较大时，会影响密封效果。在聚合性和渗透性介质中，静环如无过度磨损，还是不更换为好。因为静环长时间处于静止状态，聚合物和杂质的沉积使其与静环座融为一体，有较好的密封作用。

⑥ 拆修不是总比不拆好。

一旦出现机械密封泄漏便急于拆修，有时密封并没有损坏，只需调整工况或适当调整密封就可消除泄漏。

(6) 机械密封装配顺序

① 机械密封静止部件的组装。

a. 将防转销装入密封端盖相应的孔内。

b. 将静环密封圈套在静环上，将静环装入密封端盖内，要注意使防转销进入静环凹槽内。安装压盖时，注意不要使静环碰轴。螺栓应分几次均匀拧紧。

② 机械密封旋转部件组装。将机械密封的旋转部件依照先后次序逐个组装到轴上。若有轴套，则要在外面把机械密封的旋转部件依次组装到轴套上，然后将装有机械密封旋转部件的轴套装到轴上。

③ 端盖装在密封体上，并用螺钉均匀拧紧。

④ 盘动试车是否轻松，若盘不动或吃力，则应检查装配尺寸是否正确。

(7) 填料密封检修

对于采用填料密封的离心泵应对填料密封进行检修，调整填料压盖的松紧（对称地调整压盖螺栓的螺母）即可调整密封性。如果填料压得太紧，虽然减少了泄漏，但填料与轴套或轴间的摩擦增加，泵运行的功耗增加，严重时会导致发热、冒烟，可把填料和轴套烧毁，甚至启动时会因电流过大或轴被卡住，从而烧毁电动机；如果填料压得过松，则泄漏量会增加，一般填料密封保持 $10\sim20$ 滴/min 为宜（介质为水时，初期每分钟不多于 20 滴，末期每分钟不多于 40 滴）。

轴封的修理可遵照以下原则进行。

① 检修泵时，一定要更换新的填料。

② 填料装置的轴套（或轴）磨损较大或出现沟痕时，应换新件。若轴被磨损，较轻时可采用刷镀技术恢复；较重时可采用喷涂或将轴加镶套等方法恢复。

③ 填料压盖、填料挡套及填料环磨损过大时应换新件。

填料密封安装的技术要求如下：

① 切割填料时，将所需长度的软填料紧紧缠绕在与轴相同直径的棒料上，然后在棒料上逐个切下密封圈，并要求切口平行整齐，而且切口的线头不应松散，切口为30°。装填料时切口应错开120°。

② 安装时应注意使填料环对准水封孔，以免填料堵死水封孔，使水封失去作用。

③ 为了保证填料环的密封性能，对填料环应进行水封，一般用自来水或泵的出口水均可。

5. 泵体的检查

泵体是整台离心泵的支承部分，其检查主要包括泵体损伤的检查和轴承孔的检查与测量。

由于泵体一般都由灰铸铁铸造，其材质脆性大，含杂质多，故拉伸强度低，塑性和韧性也低，在运行中有可能会产生裂纹和局部损坏，对此需要进行认真检查。

轴承孔的检查与测量泵体的轴承孔与滚动轴承的外环形成过渡配合，它们之间的配合公差为0~0.02mm。可用游标卡尺或内径千分尺对轴承孔的内径进行测量，与原始尺寸相比较，以判断轴承孔有无磨损进而确定磨损量的大小。除此之外，还要检查轴承孔内表面有无出现裂纹等缺陷，如果有缺陷，泵体轴承孔需要修复后能使用。

三、离心泵装配

离心泵各零部件经检查及处理合格后，应按技术要求和遵循一定方法进行组装，在组装时要注意以下几点。

① 将零部件清洗干净后，依拆卸相反的顺序进行组装。

② 组装前清洗干净各零部件，组装时各部件配合面要加一些润滑油润滑，如主轴涂油安装轴承。

③ 上紧螺栓时要按顺序，应对称并均匀把紧，保证连接螺栓上得紧而且均匀。

④ 组装过程中，要做到边组装、边检查测量，同时做好记录。

⑤ 调整轴承处间隙，使其达到规定的范围；调整叶轮与泵体的间隙，使叶轮流道中心线与泵体流道中心线偏差不大于0.5mm。

⑥ 组装后检查叶轮密封环直径上外圆对基准面的径向圆跳动，目的是防止叶轮密封环和泵体密封环产生摩擦。

⑦ 盘车检查确认转子无卡阻和异常响声。

第三节 单级单吸离心泵的装调

一、离心泵整体安装

离心泵的安装主要指机座的安装、泵体的安装、电动机的安装、二次灌浆、试车。

1. 机座的安装

离心泵和电动机都是直接安装在机座上的（一般小型泵为同一个底座，大型泵可分为两个机座），如果机座安装质量不好，则会直接影响离心泵正常工作。安装机座时，先将机座吊放到垫铁上，然后进行找正和找平。

机座找正时，可在基础上标出纵横中心线或在基础上用拉纵横钢丝线的方法，找出机座安装的中心线。安装时使基础上的安装中心线与机座的中心线重合。机座找平时，一般采用三点找平安装法。

2. 泵体的安装

离心泵泵体的安装包括泵体的装配、内件的安装和泵体位置的调整。离心泵泵体的调整包括泵体相对机座纵、横中心线的调整（找正），泵体在机座上水平度的调整（找平），泵轴中心线到基准点高度的调整（找标高）。

在泵体调整好后，将泵体与机座的连接螺栓拧紧。之后进行一次泵体的水平测试，若水平度在拧紧螺栓后有变动，必须将螺栓松开，加、减垫板后，直至调整至水平度合格；若水平度在拧紧螺栓后无变动，便可进行电动机的安装。

3. 电动机的安装

机座安装好后，一般是先安装泵体，然后以泵体为基准安装电动机。因为一般的泵体比电动机重，而且与其他设备用管路相互连接，当其他设备安装好后，泵体的问题就确定了，再通过泵体的位置来确定电动机的位置。

安装电动机的主要工作就是把电动机轴的中心线调整到与离心泵的中心线在一条直线上。离心泵与电动机的轴是用联轴器进行连接，所以电动机的安装工作主要是联轴器的安装。联轴器装配找正时，只需调整电动机，即在电动机的支脚下用加减垫片的方法来进行调整。

4. 二次灌浆

离心泵和电动机安装好后，开始进行二次灌浆，待二次灌浆时的水泥砂浆硬化后，再测量一次联轴器找正后的误差，如无变化，则开始做试车准备。

5. 试车

离心泵安装结束后，必须进行试车，从而检查和消除在安装中没有发现的隐患，使之能够正常工作。

二、联轴器找正

联轴器的主要装配技术要求：保证两轴间的同轴度，否则两轴传动时将产生弯扭现象；保证连接件（螺纹、键、销等）连接可靠，不会产生自动松脱现象。一般情况下，联轴器与轴之间的垂直度不会有多大问题，特别是安装新机器时，可以不必检查同轴度。但是，在安装旧机器时，要仔细检查联轴器与轴之间垂直度偏差，发现垂直度偏差过大时，要及时调节垂直后再找正。

（一）联轴器偏移分析

联轴器找正时，垂直面内一般遇到轴向位移、角位移、径向位移和综合位移四种情况，如图 3-38 所示。

情况 1：两半联轴器的端面互相平行，主动轴和从动轴的中心线又同在一条水平直线上，这时两半联轴器处于正确的位置，不需调整，如图 3-38（a）所示。

情况 2：两半轴联轴器的端面互相不平行，两轴的中心线的交点落在主动轴半联轴器的中心点上，这时两轴的中心线之间有倾斜的角位移，如图 3-38（b）所示。

情况 3：两半联轴器的端面互相平行，两轴的中心线不同轴，这时两轴的中心线之间有

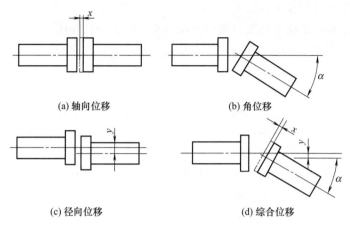

图 3-38 联轴器相互间的位置关系

径向位移(偏心距),如图 3-38 (c) 所示。

情况 4:两半联轴器的端面互相不平行,两轴的中心线的交点又不落在主动轴半联轴器的中心点上,这时两轴的中心线之间既有径向位移又有角位移,如图 3-38 (d) 所示。

同时,主动轴径向位移既可能往上,也可能往下;主动轴既可能往上倾斜,也可能往下倾斜,如图 3-39 所示。

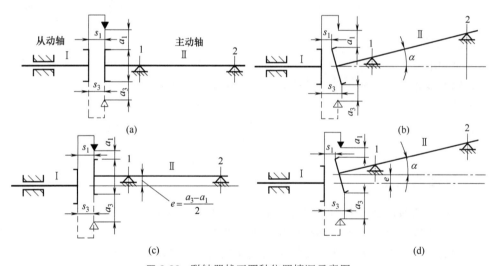

图 3-39 联轴器找正四种位置情况示意图

此处 s_1、s_3 表示联轴器上方(0°)和下方(180°)两个位置上的轴向间隙;a_1、a_3 表示联轴器上方(0°)和下方(180°)两个位置上的径向间隙。

情况 1:$s_1=s_3$、$a_1=a_3$,两半联轴器既平行又同心,如图 3-39 (a) 所示。

情况 2:$s_1 \neq s_3$、$a_1=a_3$,两半联轴器同心但不平行,如图 3-39 (b) 所示。

情况 3:$s_1=s_3$、$a_1 \neq a_3$,两半联轴器平行但不同心,如图 3-39 (c) 所示。

情况 4:$s_1 \neq s_3$、$a_1 \neq a_3$,两半联轴器既不同心也不平行,如图 3-39 (d) 所示。

(二)联轴器找正测量

联轴器找正时主要测量径向位移(或径向间隙)a 和角位移(或轴向间隙)s。

① 利用直尺及塞尺测量联轴器的径向位移,利用平面规及楔形间隙规测量联轴器的角

位移。这种测量方法简单,但精度不高,一般只能应用于不需要精确找正的低速机器。

② 利用中心卡及千分表测量联轴器的径向间隙和轴向间隙。

此法用了精度较高的千分表来测量径向间隙和轴向间隙,精度较高,适用于需要精确找正中心的精密机器和高速机器。这种找正测量方法操作方便,应用极广。此法常用一点法来进行测量。所谓一点法,是指在测量一个位置上的径向间隙时,同时又测量同一个位置上的轴向间隙,测量方法如图 3-40 所示。

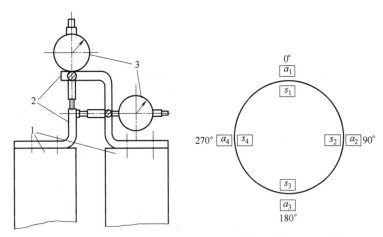

图 3-40 利用中心卡及千分表测量联轴器的径向间隙和轴向间隙
1—联轴器;2—中心卡;3—千分表

测量间隙测量时,先装好中心卡,并使两半联轴器向着相同的方向一起旋转,使中心卡首先位于上方垂直的位置 0°,用千分表测量出径向间隙 a_1 和轴向间隙 s_1;然后将两半联轴器顺次转到 90°、180°、270°三个位置上,分别测量出 a_2、s_2,a_3、s_3,a_4、s_4,将测得的数值记在记录图中。

当两半联轴器重新转到 0°位置时,再一次测得径向间隙和轴向间隙的数值为 a'_1,s'_1。此处数值应与 a_1、s_1 相等。若 $a'_1 \neq a_1$,$s'_1 \neq s_1$,则必须检查其产生原因(轴向窜动)并予以消除,然后再继续进行测量,直到所测得的数值正确为止。在偏移不大的情况下,测量的数据是否正确,可用两恒等式加以判别:

$$a_1 + a_3 = a_2 + a_4 \tag{3-3}$$
$$s_1 + s_3 = s_2 + s_4 \tag{3-4}$$

如实测数据代入恒等式不等,而有较大的误差(大于 0.02 mm),可以确定所进行的测量中,必然有一次或几次是不精确的。

测量时产生误差常常是由以下原因造成的:中心卡在测量过程中位置发生变动;测量时塞尺片插入各处的力不均匀;在某次测量计算塞尺片厚度时产生错误。

在测量过程中,如果由于基础的构造影响,使联轴器最低位置上的径向间隙 a_3 和轴向间隙 s_3 不能测到,则可根据其他三个已测得的间隙数值推算出来。

$$a_3 = a_2 + a_4 - a_1 \tag{3-5}$$
$$s_3 = s_2 + s_4 - s_1 \tag{3-6}$$

比较对称点上的两个径向间隙和轴向间隙的数值(如 a_1 和 a_3,s_1 和 s_3),若对称点的数值相差不超过规定的数值,则认为符合要求,否则要进行调整。

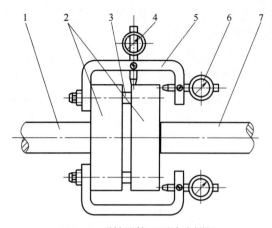

图 3-41 联轴器找正百分表测量
1—基准设备；2—联轴器；3—联轴器连接销子；4—外圆百分表；5—桥规；6—端面百分表；7—电动机转子

调整时通常采用在垂直方向加减主动机支脚下面的垫片或在水平方向移动主动机位置的方法来实现。

联轴器找正百分表测量也可采用如图 3-41 所示测量的方法。

（三）联轴器找正计算

联轴器的径向间隙和轴向间隙测量完毕后，就可根据偏移情况来进行调整。在调整时，一般先调整轴向间隙，使两半联轴器平行，然后调整径向间隙，使两半联轴器同心。

以情况 4（$s_1 \neq s_3$、$a_1 \neq a_3$，两半联轴器既不同心也不平行）说明找正调整步骤，如图 3-42 所示。

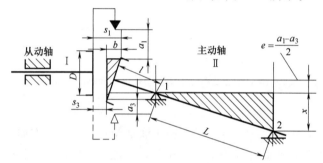

图 3-42 两半联轴器既不同心也不平行

图中 b——在 0°与 180°两个位置上测得的轴向间隙的差值（$b=s_1-s_3$），mm；

D——联轴器的计算直径，mm；

L——主动机轴纵向两支点间的距离，mm；

l——支脚 1 到半联轴器测量平面之间的距离，mm。

（1）先使两半联轴器平行

为了要使两半联轴器平行，在主动机的支脚 2 下加上厚度为 x（mm）的垫片，如图 3-43 所示。

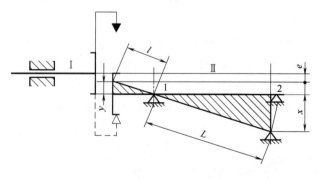

图 3-43 调两半联轴器平行

此处 x 的数值可以利用画有阴影线的两个相似三角形的比例关系算出：

$$x = \frac{b}{D} L \tag{3-7}$$

由于支脚 2 垫高了，而支脚 1 底下没有加垫，因此轴 Ⅱ 将会以支脚 1 为支点发生很小的转动，这时两半联轴器的端面虽然平行了，但是轴 Ⅱ 上的半联轴器的中心却下降了 y(mm)。此处的 y 的数值同样可以利用图上画有阴影线的两个相似三角形的比例关系算出：

$$y = \frac{xl}{L} = \frac{bl}{D} \tag{3-8}$$

（2）再使两半联轴器同心

由于 $a_1 > a_3$，即两半联轴器不同心，其原有径向位移量（偏心距）为

$$e = \frac{|a_1 - a_3|}{2} = \frac{a_1 - a_3}{2} \tag{3-9}$$

再加上在第（1）步找正时又使联轴器中心的径向位移量增加了 y，所以，为了使两半联轴器同心，必须在轴 B 的支脚 1 和 2 下同时加上厚度为 $y+e$ 的垫片，如图 3-44 所示。

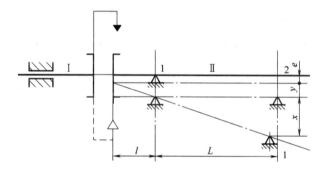

图 3-44　调两半联轴器同心

按上述步骤将联轴器在垂直方向和水平方向调整完毕后，联轴器的径向位移和角位移在规定的偏差范围内。

【例 3-4】　主动机纵向两支脚之间的距离 $L = 3000\text{mm}$，支脚 1 到联轴器测量平面之间的距离 $l = 500\text{mm}$，联轴器的计算直径 $D = 400\text{mm}$，找正时所测得的径向间隙和轴向间隙数值见图 3-45。支脚 1 和 2 底下应加或应减的垫片厚度计算如下。

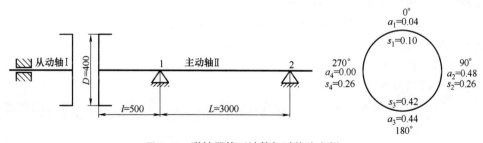

图 3-45　联轴器找正计算加减垫片实例

分析：

步骤一：确定联轴器位置情况。

联轴器在 0°与 180°两个位置上的轴向间隙 $s_1 < s_3$，径向间隙 $a_1 < a_3$，这表示两半联轴器既有径向位移又有角位移。根据这些条件可作出联轴器偏移情况的示意图，如图 3-46 所示。

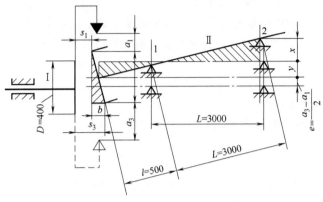

图 3-46 联轴器找正计算图

步骤二：判别测量数据。

由于偏移不大，判别测量的数据是否正确，可用两恒等式加以判别：

$$a_1 + a_3 = a_2 + a_4$$
$$s_1 + s_3 = s_2 + s_4$$

由于

$$a_1 + a_3 = a_2 + a_4 = 0.48$$
$$s_1 + s_3 = s_2 + s_4 = 0.52$$

测量结果正确。

步骤三：找正计算。

$$b = s_3 - s_1 = 0.42 - 0.10 = 0.32 \text{（mm）}$$

$$x = \frac{Lb}{D} = \frac{0.32 \times 3000}{400} = 2.4 \text{（mm）}$$

$$y = \frac{lx}{L} = \frac{2.4 \times 500}{3000} = 0.4 \text{（mm）}$$

$$e = \frac{a_3 - a_1}{2} = \frac{0.44 - 0.04}{2} = 0.2 \text{（mm）}$$

步骤四：电动机支脚调整及垫片排放。

为了要使两半联轴器同心，必须从支脚 1 和 2 同时减去厚度。

先使两半联轴器平行：

支脚 2 减去垫片厚度为 $x = 2.4\text{mm}$。

再使两半联轴器同心：

支脚 1、2 均减去垫片厚度为 $y + e = 0.6\text{mm}$。

所以：

支脚 1 总共减去垫片厚度为 $y + e = 0.6\text{mm}$；

支脚 2 总共减去垫片厚度为 $x + y + e = 3\text{mm}$。

（四）电动机支脚调整及垫片排放

由上述分析可知：

$$b = |s_3 - s_1|$$

$$x = \frac{Lb}{D}$$

$$y = \frac{lx}{L}$$

$$e = \frac{|a_1 - a_3|}{2}$$

常见电动机支脚调整及垫片排放情况见表 3-7。

表 3-7 常见电动机支脚调整及垫片排放情况

情况	联轴器偏移及分析	支脚 1	支脚 2
$a_1 = a_3$ $s_1 = s_3$ 此时： $x = y = 0$ $e = 0$		正确位置 不加垫片	正确位置 不加垫片
$a_1 < a_3$ $s_1 = s_3$ 此时： $x = y = 0$ $e \neq 0$		减垫片厚： e $(e+y=e)$	减垫片厚： e $(x+y+e=e)$
$a_1 > a_3$ $s_1 = s_3$ 此时： $x = y = 0$ $e \neq 0$		加垫片厚： e $(e+y=e)$	加垫片厚： e $(x+y+e=e)$
$a_1 = a_3$ $s_1 < s_3$ 此时： $x \neq 0$ $y \neq 0$ $e = 0$		减垫片厚： y $(e+y=y)$	减垫片厚： $x+y$ $(x+y+e=x+y)$

续表

情况	联轴器偏移及分析	支脚1	支脚2
$a_1 > a_3$ $s_1 < s_3$ 此时： $x \neq 0$ $y \neq 0$ $e \neq 0$		加垫片厚： $e-y$	减垫片厚： $x+y-e$
$a_1 < a_3$ $s_1 < s_3$ 此时： $x \neq 0$ $y \neq 0$ $e \neq 0$		减垫片厚： $e+y$	减垫片厚： $x+y+e$
$a_1 = a_3$ $s_1 > s_3$ 此时： $x \neq 0$ $y \neq 0$ $e = 0$		加垫片厚： y $(e+y=y)$	加垫片厚： $x+y$ $(x+y+e=$ $x+y)$
$a_1 < a_3$ $s_1 > s_3$ 此时： $x \neq 0$ $y \neq 0$ $e \neq 0$		减垫片厚： $e-y$	加垫片厚： $x+y-e$
$a_1 > a_3$ $s_1 > s_3$ 此时： $x \neq 0$ $y \neq 0$ $e \neq 0$		加垫片厚： $e+y$	加垫片厚： $x+y+e$

训练：联轴器的找正

离心泵联轴器找正后要记录并计算填表，见表 3-8。

▫ 表 3-8 离心泵联轴器找正记录

序号	项目	填表
1	调整前的测量数据	○　　○
2	画出联轴器计算图	
3	计算垫片调整量	
4	调整后的测量数据	○　　○
5	检查记录	
6	缺陷处理方法	

三、离心泵的试车

离心泵拆装实训室管路系统的管路布置简图如图 3-47 所示。

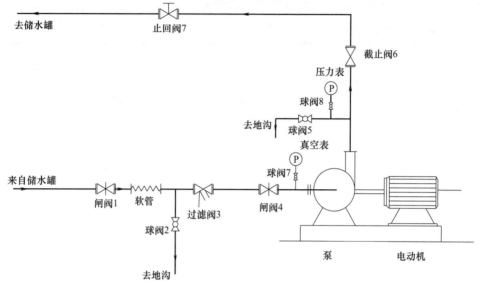

图 3-47　离心泵管路布置简图

（一）启动前的检查

为保证泵的安全运行，在离心泵启动前应进行全面的检查，发现问题及时处理。检查内容如下。

① 电动机和水泵固定是否良好，螺钉及螺母有无松动脱落。
② 检查各轴承的润滑是否充足，润滑油是否变质。
③ 如果是第一次使用或重新安装的水泵，应检查水泵的转动方向是否正确。
④ 检查吸液池及水滤网上是否有杂物。
⑤ 检查轴向密封是否满足要求，填料是否压紧，检查通往轴封处水封环内的管路是否已连接好。
⑥ 检查排液管上的阀门启闭是否灵活。
⑦ 检查电动机的电气线路是否正确。
⑧ 检查机组附近有无妨碍运转的物体。

（二）启动前的准备

经过全面检查，确认一切正常后，才可做启动的准备工作，对照管路布置简图，应有以下几项工作。

① 关闭排水管路上的阀门（截止阀6），以降低启动电流。
② 观察电动机转向是否与泵所要求的转向相同，可在电动机启动或停机时观察。若转向相反，任意对调两根电源火线，即可改变转向。
③ 向水泵内灌水，同时用手转动联轴器，使叶轮内残存的空气尽可能排出，直至放气旋塞有水冒出，再将其关闭，即打开入口管路上的闸阀 1、4，出水管路上去地沟旁路上球阀 5 打开，灌泵。

注意：大型水泵采用真空泵抽气灌水时，应关闭放气旋塞及真空表和压力表的旋塞，以保护仪表的准确性。离心泵启动时，如果泵壳内存在空气，由于空气的密度远小于液体的密度，叶轮旋转所产生的离心力很小，叶轮中心处产生的低压不足以造成吸上液体所需要的真空度，这样，离心泵就无法工作，这种现象称作"气缚"。为了使启动前泵内充满液体，在吸入管道底部装止逆阀。此外，在离心泵的出口管路上也装调节阀，用于开停车和调节流量。

④ 灌泵结束，关闭所有出口管路阀门（球阀5、截止阀6）。

(三) 启动

① 完成以上准备后，即可启动泵。

注意：输送高温液体的泵，如电厂的锅炉给水泵，在启动前必须先暖泵。这是因为给水泵在启动时，高温给水流过泵内，使泵体温度从常温很快上升到 $100 \sim 200℃$，这会引起泵内外和各部件之间的温差，若没有足够长的传热时间和适当控制温升的措施，会使泵各处膨胀不均，造成泵体各部分变形、磨损、振动等。

② 当电动机达到正常转速后，把真空表及压力表的旋塞（球阀7、8）打开，并慢慢开启出口阀门（截止阀6），并调整到一定流量，水泵进入正常运行。

注意：切忌泵在启动时出口阀（截止阀6）处于开启位置，那样造成电动机负荷过大，可能会烧毁电动机。也不可关闭入口阀（闸阀1、4），开启出口阀（截止阀6），那样将造成吸入管路真空度过大而导致泵的汽蚀。等电机运转正常后，再逐渐打开出口阀，并调节到所需的流量。

(四) 停车

① 停车前应先关闭压力表和真空表阀门（止回阀7、球阀8）。

注意：运转时应定时检查泵的响声、振动、滴漏等情况，观察泵出口压力表的读数，以及轴承是否过热等。

② 将排水阀（截止阀6）关闭，这样在减少振动的同时可防止液体倒灌。否则，压出管中的高压液体可能反冲入泵内，造成叶轮高速反转，使叶轮被损坏。

③ 停转电动机，关闭吸入阀（闸阀1），切断电源。

④ 排尽管路中的水（打开球阀2、5）。

⑤ 做好清洁工作。

注意：在寒冷季节，特别是在室外的泵，在停车后应立即放尽泵内液体，以防结冰，冻裂泵体。

四、离心泵常见故障及处理

离心泵常见故障及处理措施见表3-9。

▷ **表 3-9 离心泵常见故障及处理措施**

故障	可能原因	纠正措施
流量扬程降低	泵内或进液管内存有气体,泵内或管路有杂物,泵的旋转方向不对,叶轮流道不对中	重新灌泵,排除气体,清理,改变旋转方向,检查、修正使流道对中
电流升高	转子与定子碰擦	解体修理

续表

故障	可能原因	纠正措施
泵灌不满	①底阀未关或吸入系统泄漏 ②底阀已损坏	①关闭底阀或排除泄漏 ②修理或更换底阀
振动增大	①泵转子或电动机转子不平衡 ②泵轴与原动机轴对中不良 ③轴承磨损中,间隙过大 ④地脚螺栓松动或基础不牢固 ⑤泵抽空 ⑥转子零部件松动或损坏 ⑦支架不牢引起管线振动 ⑧泵内摩擦	①转子重新平衡 ②重新找正 ③修理或更换 ④紧固螺栓或加固基础 ⑤进行工艺调整 ⑥紧固松动部件或更换 ⑦管线支架加固 ⑧拆泵查看并消除摩擦
密封泄漏严重	①泵轴与原动机对中不良或轴弯曲 ②轴承或密封环磨损过多形成转子偏心 ③机械密封损坏或安装不当 ④密封液压力不当 ⑤填料过松 ⑥操作波动大	①重新校正 ②更换并校正轴线 ③更换检查 ④比密封腔前压力大 $0.05\sim0.15$ MPa ⑤重新调整 ⑥稳定操作
抽不上液体	①正吸入压头过低 ②吸入或排出管路调节阀关闭 ③吸入管路存在气体或蒸汽 ④吸液系统管子或仪表漏气 ⑤排液管阻力太大 ⑥输入容器压力过高	①在入口处提高液位,提高吸入压头或在吸入容器中能通过外部装置加压 ②打开阀门,检查是否所有阀门均打开 ③排出吸入管中的气体 ④检查吸液管和仪表并排除 ⑤清洗排液管或减少管件数 ⑥调整塔内压力
轴承温度过高	①轴承安装不正确 ②转动部分平衡被破坏 ③轴承箱内油过少、过多或太脏变质 ④轴承磨损或松动 ⑤轴承冷却效果不好	①按要求重新装配 ②检查消除 ③按规定添放油或更换油 ④修理更换或紧固 ⑤检查调整
泵工作不稳定	①吸入压头过低 ②泵和电机组装中的外部问题 ③轴承磨损 ④泵不能充分灌注和排出 ⑤汽蚀,压力波动	①提高吸入压头,或使用外部装置给容器加压或提高液位,如有可能,降低泵的安装位置 ②拆卸、清洗 ③检查轴承间隙、更换轴承 ④重复灌泵和排出的过程 ⑤消除汽蚀的危险

 训练：离心泵拆装运转操作

参照全国化工类职业院校化工设备维修大赛机泵拆装运行赛,本训练分为四个环节,分别为 IH 泵的拆卸检查与记录,IH 泵的装配与检查,泵联轴器的找正,开车前准备、试车与停车。评分细则见表 3-10。

表 3-10 机泵拆装运行训练评分细则

序号	考核环节	考核技能点	参考值
1	IH 泵的拆卸检查与记录（30 分）	拆卸顺序是否合理	6
		零部件清洗是否合理	6
		主要零部件是否检查、记录	8
		垫片是否检查、记录	2
		主要配合间隙是否检查、记录	2
		工具使用是否合理	4
		零部件、工具排放是否齐整	2
2	IH 泵的装配与检查（25 分）	机封安装是否正确	3
		轴承安装是否正确	3
		其他装配工序是否合理	6
		零部件是否漏装、错装	6
		工具使用是否正确	3
		装配结束整机检查是否有摩擦声，运转是否灵活	4
3	泵联轴器的找正（25 分）	找正仪器安装是否合理	3
		找正仪器表量程调节是否合理	3
		读数是否准确、记录是否正确	3
		联轴器计算图是否正确	4
		计算公式是否正确	3
		计算过程是否正确	3
		垫片调整是否达标	4
		垫片使用是否合理	2
4	开车前准备、试车与停车（15 分）	开车前油位检查是否正确	2
		灌泵操作是否正确	2
		开车前其他准备是否正确	3
		开车操作是否正确	6
		停车操作是否正确	2
5	文明、安全操作(5 分)		5

第四章 管壳式换热器拆装

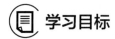 学习目标

◎ **能力目标**
① 能正确使用各种工具、量具对管壳式换热器进行拆装、测量;
② 能正确对管壳式换热器进行试压。

◎ **知识目标**
① 了解管壳式换热器各项装配、调试的技术参数;
② 掌握正确的拆卸方法、步骤,了解拆卸过程中的注意事项;
③ 掌握管壳式换热器的结构、零部件的装配关系;
④ 掌握管壳式换热器的调试、试压方法。

第一节 概 述

一、管壳式换热器的应用及分类

(一) 应用

换热器是流体与流体之间进行热交换的设备,广泛应用在化工、轻工、动力、食品、冶金等行业。换热器类型很多,每种形式都有特定的应用范围。其中管壳式换热器的应用范围很广,适应性很强,其允许压力可以从高真空到 41.5MPa,温度可以从 -100℃ 到 1100℃ 高温。此外,它还具有容量大、结构简单、造价低廉、清洗方便等优点,因此是最主要的换热器形式。

(二) 分类

1. 按结构分类

管壳式换热器按结构可分为固定管板式、浮头式、U形管式、填料函式、釜式,见表 4-1。

▷ 表 4-1 管壳式换热器的分类

种类	应 用
固定管板式	刚性结构:用于管壳温差较小的情况(一般≤50℃),管间不能清洗
	带膨胀节:有一定的温度补偿能力,壳程只能承受较低压力
浮头式	管内外均能承受高压,可用于高温高压场合
U形管式	管内外均能承受高压,管内清洗及检修困难
填料函式	外填料函:管间容易漏泄,不宜处理易挥发、易爆易燃及压力较高的介质
	内填料函:密封性能差,只能用于压差较小的场合
釜式	壳体上都有一个蒸发空间,用于蒸汽与液相分离

管壳式换热器的主要构件名称如图 4-1 所示。

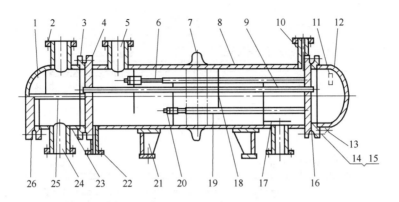

图 4-1 管壳式换热器的主要构件名称

1—管箱（A、B、C、D型）；2—接管法兰；3—设备法兰；4—管板；5—壳程接管；6—拉杆；7—膨胀节；8—壳体；9—换热管；10—排气管；11—吊耳；12—封头；13—顶丝；14—双头螺柱；15—螺母；16—垫片；17—防冲板；18—折流板或支承板；19—定距管；20—拉杆螺母；21—支座；22—排液管；23—管箱壳体；24—管程接管；25—分程隔板；26—管箱盖

固定管板式换热器主要由壳体、管束、管板、管箱及折流板等组成，管板和壳体刚性连接在一起，管束两端固定在管板上，如图 4-2 所示。

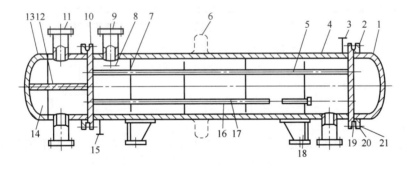

图 4-2 固定管板式换热器结构

1，13—封头；2—法兰；3—排气口；4—壳体；5—换热管；6—波形膨胀节；7—折流板；8—防冲板；9—壳程接管；10—管板；11—管程接管；12—隔板；14—管箱；15—排液管；16—定距管；17—拉杆；18—支座；19—垫片；20—螺栓；21—螺母

对于固定管板式换热器而言，由于管束和壳体是刚性连接，当管、壳程壁温差较大和压差较大时，在换热管和壳体上将产生很大的轴向力，致使结构发生塑性变形或结构失效。采用膨胀节的目的是缓和这一应力，使其降到允许的范围。膨胀节的结构形式各种各样，实际应用中绝大多数是 U 形膨胀节，其次是 Ω 形膨胀节。带膨胀节的固定管板式换热器如图 4-3 所示。

浮头式换热器两端的管板，一端不与壳体相连，可自由沿管长方向浮动。当壳体与管束因温度不同而引起热膨胀时，管束连同浮头在壳体内沿轴向自由伸缩，可完全消除热应力，如图 4-4 所示。

U 形管式换热器把每根管子都弯成 U 形，两端固定在同一管板上，管子可自由伸缩，以解决热补偿问题，如图 4-5 所示。

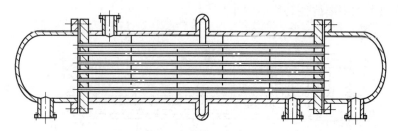

图 4-3 带膨胀节的固定管板式换热器

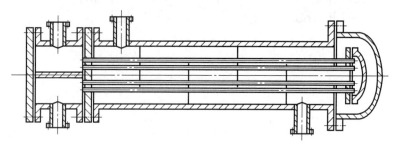

图 4-4 浮头式换热器

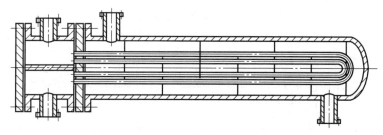

图 4-5 U形管式换热器

填料函式换热器与浮头式很相似,只是浮动管板一端与壳体之间采用填料函密封,如图 4-6 所示。

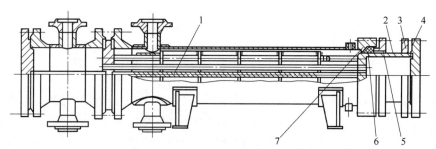

图 4-6 填料函式换热器
1—纵向隔板；2—浮动管板；3—活套法兰；4—部分剪切环；5—填料压盖；6—填料；7—填料函

釜式换热器具有浮头式、U形管式换热器的特点,壳体上部设置有一个蒸发空间,其大小由产气量和所要求的蒸气品质决定,如图 4-7 所示。

2. 按危险程度分类

根据危险程度,TSG 21—2016《固定式压力容器安全技术监察规程》将适用范围内的压力容器划分为三类,以利于进行分类监督管理。应根据介质特性选择类别划分图,再根据

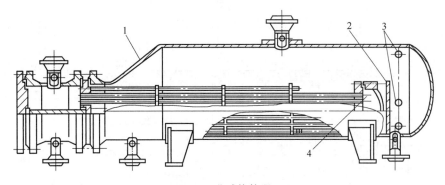

图 4-7 釜式换热器
1—偏心锥壳；2—堰板；3—液面计接口；4—浮头管束

设计压力 p（单位 MPa）和容积 V（单位 L），标出坐标点，确定压力容器类别，如图 4-8、图 4-9 所示。

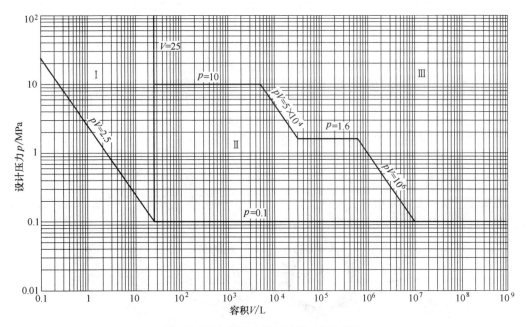

图 4-8 压力容器分类图（第一组介质）

压力容器的介质分为以下两组，包括气体、液化气体以及最高工作温度高于或者等于标准沸点的液体。

① 第一组介质，毒性程度为极度危害、高度危害的化学介质，易爆介质，液化气体。
② 第二组介质，除第一组以外的介质。

作为多腔压力容器的管壳式换热器的管程和壳程按照类别高的压力腔作为该容器的类别并且按照该类别进行使用管理。对各压力腔进行类别划定时，设计压力取本压力腔的设计压力，容积取本压力腔的几何容积。一个压力腔内有多种介质时，按照组别高的介质划分类别；当某一危害性物质在介质中含量极小时，按照其危害程度及其含量综合考虑，由压力容器设计单位决定介质组别。

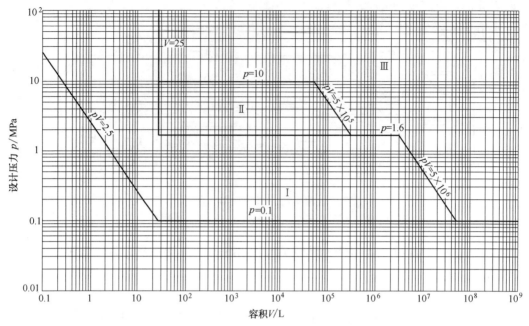

图 4-9 压力容器分类图（第二组介质）

二、管壳式换热器的主要零部件

管壳式换热器主要由壳体、管束、管板、折流挡板、封头等组成，GB 151—2014《热交换器》对管壳式换热器的各零部件结构进行了详细的规定。

（一）换热管

1. 换热管种类

换热管一般采用无缝钢管，多为光管，其结构简单，制造容易；为强化传热，也可采用异形管、翅片管、螺纹管等，如图 4-10～图 4-12 所示。

(a) 焊接外翅片管　(b) 整体式外翅片管　(c) 镶嵌式外翅片管　(d) 整体式内外翅片管

图 4-10 纵向翅片管样式

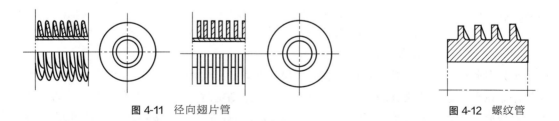

图 4-11 径向翅片管　　　　　　　　　　　图 4-12 螺纹管

换热管材料由压力、温度、介质的腐蚀性能决定，主要有碳素钢、合金钢、铜、钛、塑料、石墨等。

2. 管子与管板的连接

管子与管板的常见连接形式有胀接、焊接、胀焊结合三种。

胀接是利用胀管器挤压伸入管板孔中的管子端部，使管端发生塑性变形，管板孔同时产生弹性变形，取去胀管器后，管板与管子产生一定的挤压力，贴在一起达到密封紧固连接的目的。胀管前后示意图如图 4-13 所示，焊接形式如图 4-14 所示。

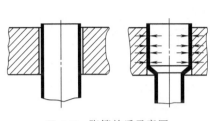

图 4-13 胀管前后示意图

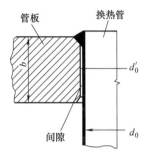

图 4-14 焊接形式

3. 换热管排列形式

换热管排列形式有正三角形排列、转角正三角形排列、正方形排列、转角正方形排列、组合排列等，如图 4-15、图 4-16 所示。

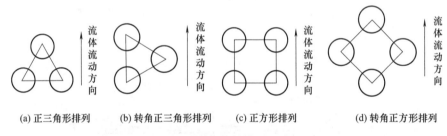

(a) 正三角形排列　(b) 转角正三角形排列　(c) 正方形排列　(d) 转角正方形排列

图 4-15 换热管排列形式

正三角形排列紧凑，传热效果好，同一体积传热面积更大。适用于壳程介质污垢少，且不需要进行机械清洗的场合。要经常清洗管子外表面上的污垢时，多用正方形排列。

在多程换热器中多采用组合排列方法，即每一程中都采用正三角形排列法，而在各程之间，为了便于安装隔板，则采用正方形排列法。

(二) 折流板

设置折流板可支承换热管，提高壳程内流体的流速，加强湍流强度，提高传热效率。常见的结构类型有弓形、圆盘-圆环形，如图 4-17 所示。

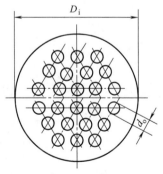

图 4-16 组合排列

若气体中含有少量液体，则应在缺口朝上的折流板的最低处开通液口；若液体中含有少量气体，则应在缺口朝下的折流板最高处开通气口。当壳程为气、液共存或液体中含有固体物料时，折流板应垂直左右布置，并在折流板最低处开通气口，如图 4-18 所示。

折流板的固定方式有拉杆-定距管固定方式和拉杆点焊结构，如图 4-19、图 4-20 所示。

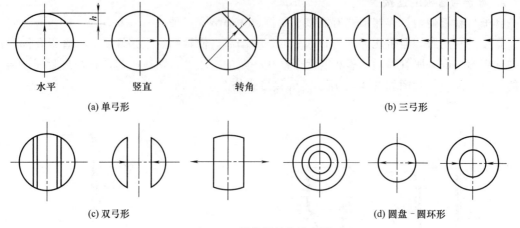

图 4-17 折流板结构示意图

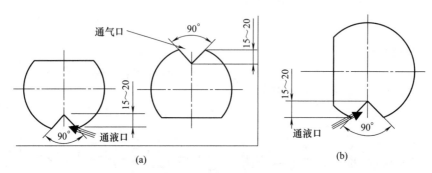

图 4-18 折流板缺口形式

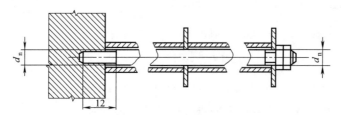

图 4-19 拉杆-定距管固定方式

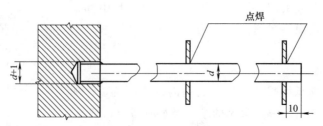

图 4-20 拉杆点焊结构

(三) 法兰

管箱与壳体之间主要采用螺栓-法兰-垫片的静密封，当压力介质通过密封口的阻力降大于密封口两侧的介质压力降时，介质就被密封住。螺栓-法兰连接结构如图 4-21 所示。

目前我国使用的压力容器法兰，有甲型平焊法兰、乙型平焊法兰和长颈对焊法兰，见表4-2。

管法兰有板式平焊法兰、带颈平焊法兰、带颈对焊法兰、法兰端盖、管板法兰、平板法兰等。

法兰密封面主要根据介质、压力、温度等工艺条件以及公称直径及垫片等进行确定。法兰连接密封结构的密封面形式主要有全平面（FF）、突面（RF）、凹凸面（MFM）、榫槽面（TG）、环连接面（RJ）、锥形面等，如图4-22所示。

全平面密封面结构中，垫片与法兰密封面在螺栓孔圆周外全部接触，垫片承载面积大，故所需的螺栓力也较大，但法兰所受的外力矩较小，多用于压力较低场合。

突面密封面的宽度较大，适用于非金属、金属-非金属组合及软质金属等要求压紧力较小的垫片。

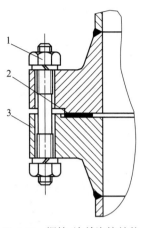

图 4-21　螺栓-法兰连接结构
1—螺栓；2—垫片；3—法兰

表 4-2　容器法兰的分类

类型	平焊法兰		对焊法兰
	甲型	乙型	长颈
标准号	NB/T 47021	NB/T 47022	NB/T 47023
简图	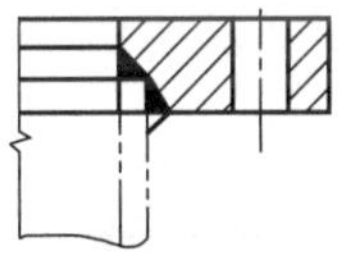	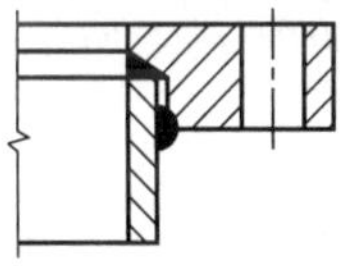	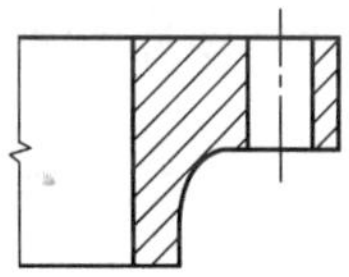

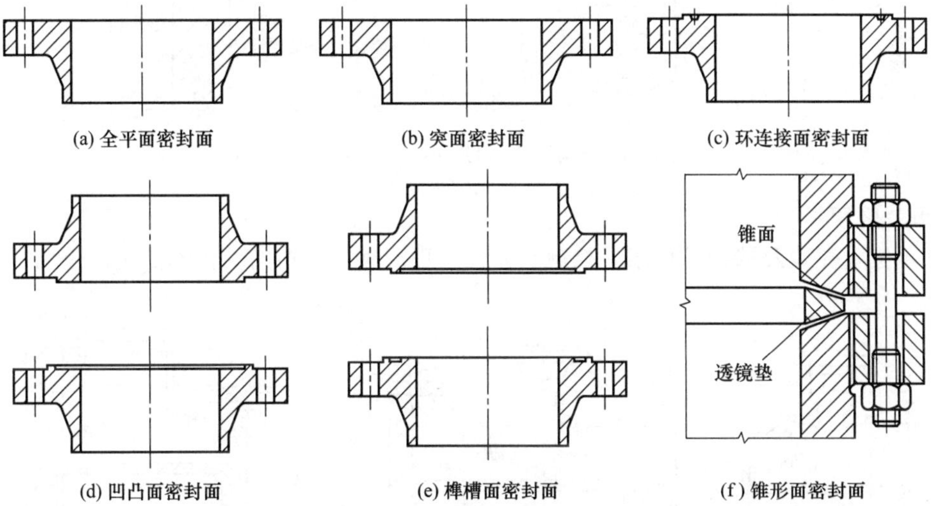

(a) 全平面密封面　　(b) 突面密封面　　(c) 环连接面密封面

(d) 凹凸面密封面　　(e) 榫槽面密封面　　(f) 锥形面密封面

图 4-22　法兰密封面形式

凹凸面密封面是由一个凸面和一个凹面相配合组成，是目前国内应用最广泛的一种密封面形式，可适用于压力较高的场合。

榫槽面密封面是由一个榫面和一个槽面相配而成，垫片置于槽中，以限制垫片的径向变形，适用于易燃、易爆、有毒的介质以及较高压力的场合。

环连接面又称梯形槽密封面，它主要是利用槽的内外锥面与椭圆或八角形金属垫环形成"线"接触密封，多用于高温、高压、密封要求严或腐蚀性较强的场合。

锥形面密封面与金属透镜垫配合使用，形成线接触密封并具有一定的自紧作用，密封安全可靠，多用于高温、高压、密封要求严格的场合。

（四）管板

当换热介质无腐蚀或有轻微腐蚀时，一般采用单一材质的钢板或锻件来制造管板。一般中、低压换热器的管板是采用结构简单的平管板，如图 4-23 所示。

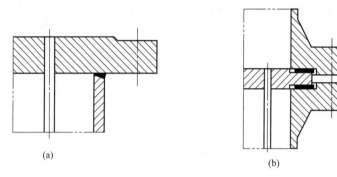

图 4-23 中、低压换热器管板示意图

管板与壳体连接为不可拆的焊接式连接，通常有管板兼作法兰和管板不兼作法兰。不兼作法兰的管板与壳体的连接结构如图 4-24 所示。

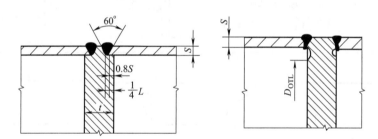

图 4-24 不兼作法兰的管板与壳体的连接结构

（五）管箱

管箱位于壳体两端，其作用是控制及分配管程流体。管箱的结构如图 4-25 所示。

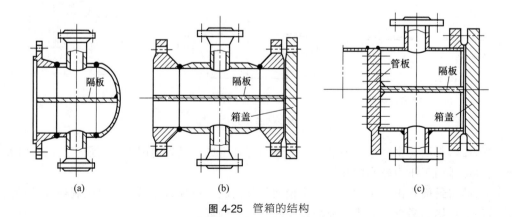

图 4-25 管箱的结构

图 4-25（a）为双管程管箱，适用于较清洁的介质，因检查管子及清洗时只能将管箱整体卸下，故不够方便；图 4-25（b）在管箱上装有平盖，只要拆下平盖，即可进行清洗和检查，所以工程应用较多，但材料用量较大；图 4-25（c）是将管箱与管板焊成整体，这种结构密封性好，但管箱不能单独拆下，检修、清洗都不方便，实际应用较少。

（六）支座

卧式管壳式换热器多采用鞍式支座，如图 4-26 所示。

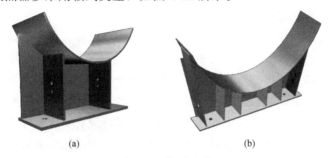

图 4-26 鞍式支座

双鞍式支座是卧式管壳式换热器最常见的支承形式，一端为固定支座，另一端为滑动支座，滑动支座吸收换热器与支座基础间的膨胀差。双鞍式支座支承结构简图如图 4-27 所示。

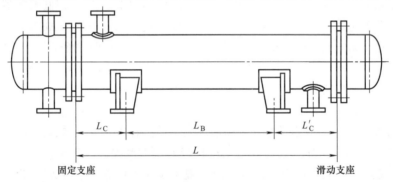

图 4-27 双鞍式支座支承结构简图

双鞍式支座在换热器上的布置原则：

① 当 $L \leqslant 3000$mm 时，取 $L_B=(0.4\sim 0.6)L$；

② 当 $L > 3000$mm 时，取 $L_B=(0.5\sim 0.7)L$；

③ 尽量使 L_C 和 L'_C 相近。

注意：卧式容器应尽量利用封头对筒体及鞍座支承截面的加强作用，因此要求鞍座支承截面尽量靠近两封头切线。而管壳式换热器管板或设备法兰对壳体及鞍座的支承截面起加强作用，因而管壳式换热器鞍座布置尽量靠近管板或设备法兰。此外，管壳式换热器鞍座布置应尽量避开壳程接管。

第二节　压力试验

一、压力容器的耐压试验

容器的压力试验是在超过设计压力的条件下，对容器进行试运行的过程。目的是检查容器的宏观强度、焊缝的致密性及密封结构的可靠性，及时发现容器材质、制造、安装及检修过程存在的缺陷，是对材料选用、设计、制造及检修等各环节的综合性检查，以保证设备安全运行。

根据 GB 150—2011《压力容器》规定，耐压试验时，如采用压力表测量试验压力，则应使用两个量程相同的，并经检定合格的压力表。压力表的量程应为 1.5~3 倍的试验压力，宜为试验压力的 2 倍。压力表的精度不得低于 1.6 级，表盘直径不得小于 100mm。试验用压力表应安装在被试验容器安放位置的顶部。

耐压试验分为液压试验、气压试验以及气液组合压力试验，应按设计文件规定的方法进行耐压试验。耐压试验的试验压力和必要时的强度校核按 GB 150—2011《压力容器》的规定。耐压试验前，容器各连接部位的紧固件应装配齐全，并紧固妥当；为进行耐压试验而装配的临时受压元件，应采取适当的措施，保证其安全性。耐压试验保压期间不得采用连续加压以维持试验压力不变，试验过程中不得带压拧紧紧固件或对受压元件施加外力。

试验液体一般采用水，试验合格后应立即将水排净吹干；无法完全排净吹干时，对奥氏体不锈钢制容器，应控制水的氯离子含量不超过 25mg/L。需要时，也可采用不会导致发生危险的其他试验液体，但试验时液体的温度应低于其闪点或沸点，并有可靠的安全措施。

Q345R、Q370R、07MnMoVR 钢制容器进行液压试验时，液体温度不得低于 5℃；其他碳钢和低合金钢制容器进行液压试验时，液体温度不得低于 15℃；低温容器液压试验的液体温度应不低于壳体材料和焊接接头的冲击试验温度（取其高者）加 20℃。如果由于板厚等因素造成材料无塑性转变温度升高，则需相应提高试验温度。当有试验数据支持时，可使用较低温度液体进行试验，但试验时应保证试验温度（容器器壁金属温度）比容器器壁金属无塑性转变温度至少高 30℃。

液压试验程序和步骤如下。

① 试验容器内的气体应当排净并充满液体，试验过程中，应保持容器观察表面的干燥。

② 当试验容器器壁金属温度与液体温度接近时，方可缓慢升压至设计压力，确认无泄漏后继续升压至规定的试验压力，保压时间一般不少于 30 min；然后降至设计压力，保压足够时间进行检查，检查期间压力应保持不变。

③ 液压试验的合格标准：试验过程中，容器无渗漏，无可见的变形和异常声响。

④ 如有渗漏，应做标记，卸压后修补，修好后重新试验，直到合格为止。

⑤ 液压试验完毕后，应将液体排尽，并用压缩空气将内部吹干。

压力容器的水压试验如图 4-28 所示。

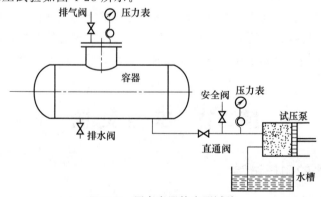

图 4-28　压力容器的水压试验

试压压力取值与设计压力、设计温度（试验温度）、容器材料三要素有关。内压容器液压试验的耐压试压压力最低值按式（4-1）确定。

$$p_T = 1.25 p \frac{[\sigma]}{[\sigma]^t} \tag{4-1}$$

式中　p_T——耐压试压压力，MPa，当设计考虑液柱静压力时应当加上液柱静压力；

　　　p——压力容器的设计压力或者压力容器铭牌上规定的最大允许工作压力，MPa；

　　　$[\sigma]$——试验温度下材料的许用应力，MPa；

　　　$[\sigma]^t$——设计温度下材料的许用应力，MPa。

压力容器各元件所用材料不同时，应取各元件材料的$[\sigma]/[\sigma]^t$比值中最小者。

在液压试验前，应对试验压力下产生的筒体应力进行校核，即容器壁产生的最大应力不超过所用材料在试验温度下屈服强度的90%。

$$\sigma_T = \frac{p_T(D_i + \delta_e)}{2\delta_e} \leqslant 0.9 R_{eL} \phi \tag{4-2}$$

式中　σ_T——容器在试验压力下的应力，MPa；

　　　δ_e——圆筒的有效厚度，mm；

　　　ϕ——焊接接头系数；

　　　R_{eL}——屈服强度，MPa。

气压试验及气液共压试验也应按标准法规相关规定进行。

气压试验之前必须对容器主要焊缝进行100%的无损检测，并应增加试验场所的安全措施，该安全措施需经试验单位技术总负责人批准，并经本单位安全部门检查监督。试验所用的气体应为干燥洁净的空气、氮气或其他惰性气体。

碳素钢和低合金钢容器，气压试验时介质温度不得低于15℃；其他钢种容器气压试验温度按图样规定。

试验前确定试验压力：

$$p_T = 1.15 p \frac{[\sigma]}{[\sigma]^t} \tag{4-3}$$

在气压试验前，应对试验压力下产生的筒体应力进行校核，即容器壁产生的最大应力不超过所用材料在试验温度下屈服强度的80%（液压试验）。

$$\sigma_T = \frac{p_T(D_i + \delta_e)}{2\delta_e} \leqslant 0.8 R_{eL} \phi \tag{4-4}$$

试验方法如下。

气压试验时压力应缓慢上升至规定试验压力的10%，且不超过0.05MPa时，保压5min，然后对所有焊接接头和连接部位进行初次泄漏检查，如有泄漏，修补后重新试验。初次泄漏检查合格后，再继续缓慢升压至规定试验压力的50%，其后按每级为规定试验压力的10%的级差逐级增至规定的试验压力。保压10min后，将压力降至规定试验压力的87%，并保持足够长的时间，再次进行泄漏检查。如有泄漏，修补后再按上述规定重新试验。

二、管壳式换热器的耐压试验

按GB 150—2011《压力容器》规定准备试压装置、试验介质等，并按规程进行压力试验。

(一) 试验方法

1. 固定管板换热器的试压

水压试验程序是先进行壳程试压，检查壳体、换热管与管板连接接头等部位；然后进行管程试压，检查管箱及相关连接部位；水压试验合格后，可按规程进行气密性试验。固定管板换热器水压试验及气密性试验方法见表 4-3。

▣ 表 4-3 固定管板换热器水压试验及气密性试验方法

序号	试验顺序	固定管板式 安装示意图	试验类型	检查项目
1	壳程		a. 水压试验 b. 气密性试验	①壳程的耐压，泄漏； ②管板的耐压、换热管与管板连接接头部位的泄漏
2	管程		c. 水压试验 d. 气密性试验	①管板的受压、管口部位的泄漏 ②封头、管箱的耐压，泄漏 ③各密封面的泄漏

2. 浮头换热器的试压

由于浮头特殊的结构，浮头换热器、浮头式重沸器的压力试验比较复杂，按 GB 150—2011《压力容器》及 SH/T 3532—2005《石油化工换热设备施工及验收规范》附录 C 规定，其试验顺序如下。

① 用试压环和浮头专用试压工具（假头盖）进行管束试压，检查换热管及其与管板连接接头密封性和耐压，同时检查管束的耐压和泄漏（对浮头式重沸器，还应配备管头试压专用壳体）。

② 进行管程试压。拆下试压环，安装管箱和浮头盖，对管程加压，检查管箱、浮动侧管板的耐压与管箱法兰密封、小浮头密封性。

③ 进行壳程整体试压，安装壳体封头，对壳程加压，检查壳程、外头盖及外头盖法兰密封性以及壳程各法兰密封面泄漏。浮头换热器水压试验及气密性试验方法见表 4-4。

3. U 形管式换热器的试压

U 形管式换热器、U 形管束重沸器压力试验的顺序：先用试压环进行壳程试压，同时检查换热管与管板连接接头；再进行管程压力试验，检查管箱、管程各密封面的耐压和密封性。

U 形管换热器壳程压力试验时，需用试验压环试压。试验压环与换热器筒体法兰节圆尺寸、螺栓孔数相同。试压时，试压环与壳体法兰在螺栓力的作用下，将管板与筒体法兰面夹紧，达到试压目的。

▣ 表 4-4 浮头换热器水压试验及气密性试验方法

序号	试验顺序	固定管板式 安装示意图	试验类型	检查项目
1	换热管、管板连接接头	（浮头专用辅助试压圈）	a. 水压试验 b. 气密性试验	检查换热管及其管板连接接头密封性和耐压；检查管束的耐压和泄漏
2	管箱、浮动侧管板		c. 水压试验 d. 气密性试验	检查管箱、浮动侧管板的耐压与管箱法兰密封、小浮头密封性
3	壳程、外头盖及外头盖法兰		e. 水压试验 f. 气密性试验	检查壳程、外头盖及外头盖法兰密封性以及壳程各法兰密封面泄漏

4. 填料函换热器的试压

填料函换热器压力试验的顺序：先用试压环进行壳程试压，同时检查换热管与管板连接接头；再进行管程压力试验，检查管箱、管程各密封面的耐压和密封性。

注意：换热器压力试验一般采用液压试验；对于不适合做液压试验的换热器，例如换热器内不允许有微量残留液体，或由于结构原因不能充满液体的换热器，可采用气压试验。压力试验还应满足 GB 150—2011《压力容器》的要求。

（二）液压试验程序和步骤

管壳式换热器水压试验过程和步骤与容器相似。在上部开设排气口，先将水由下而上灌满容器，打开排气阀，以排出外壳体内的空气，等空气排完后关闭排气阀。然后开动水泵向壳体内注水，使壳体内的压力逐步升高，达到所要求的压力后保持压力不变，保持时间一般不小于 30min。然后检验焊缝及金属壁有无泄漏。如有渗漏，修补后重新试验。试验过程中，应保持容器表面干燥。当壳体本体的残余变形率小于某一百分数时为合格（一般取10%）。当做水压试验时，一旦发现壳体有明显变形，即应停止使用。试验完毕，打开排水阀放出水。将液体排尽，并吹扫干净。

对于管壳式换热器来说，其试验压力可取 $1.25p$，且不小于 $p+0.1\text{MPa}$，p 为设计压力。当设计温度高于 200℃时，其试验压力可由式（4-1）确定。

训练:填料函式换热器拆装及水压试验

一、填料函式换热器拆装

1. 设备

填料函式换热器结构如图4-29所示。

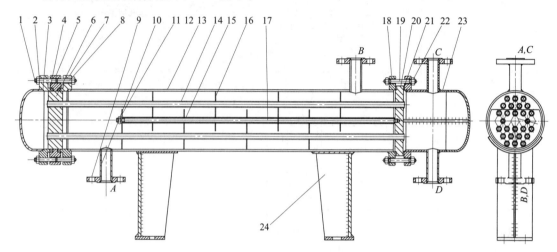

图4-29 填料函式换热器结构

1—螺母;2,8—等长双头螺栓;3—封头;4—O形圈;5—管板法兰;6—活动管板;7—容器法兰Ⅰ;9—接管法兰;10—接管;11—螺母;12—垫片;13—筒体;14—换热管;15—定距管;16—折流板;17—拉杆;18—法兰Ⅱ;19—等长双头螺柱;20—管板;21—垫片;22—螺母;23—管箱;24—支座

2. 工量具

扳手、铜棒、压力表、安全阀、柱塞泵、橡胶石棉板、密封垫、排水用盲板、试压用盲板、橡胶O形密封圈、试压用法兰、黄油、生胶带、针形阀(节流阀)。

3. 拆装要点

管壳式换热器拆装试压过程要按照要求正确进行,包括以下要点。

① 拆卸零部件要整齐规则摆放。

② 阀门具有方向性,阀门安装过程中应处于关闭状态。

③ 各组件法兰连接时用垫片,螺纹连接时用生胶带。

④ 每对法兰连接用同一种规格螺栓安装,方向一致,螺栓紧固的次序及方法正确。

螺栓的紧固至少应分三遍进行,每一遍的起点应相互错开120°,换热器螺栓紧固顺序如图4-30所示。

⑤ 安装不锈钢设备时,不得用工具及铁质金属敲击。

⑥ 法兰之间装石棉板垫片是否用石蜡,只装一个垫片。

⑦ 压力表安装前进行校验,指示灵活准确,刻度清楚,检定标记应清晰。

⑧ 压力试验,必须采用两个量程相同,经过校验,并在有效期内的压力表。

⑨ 压力表的量程宜为试验压力的2倍,但不得低于1.5倍和高于3倍,精度不得低于1.5级,表盘直径不得小于100mm。

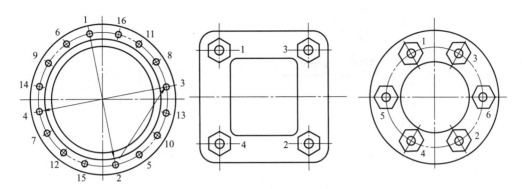

图 4-30 换热器螺栓紧固顺序

⑩ 压力表应安装在换热设备的最高处和最低处，试验压力值应以最高处的压力表读数为准，并用最低处的压力表读数进行校核。

⑪ 换热设备液压试验充液时，应从高处将空气排干净。

⑫ 柱塞泵在打压过程中应均匀缓慢升压，当压力达到试验压力时应关闭进水截流阀。

⑬ 压力试验严格按照试压要求程序进行。

⑭ 液压试验后，应将液体排净，并用压缩空气吹扫。

二、填料函式换热器水压试验

壳程试压流程如图 4-31 所示。

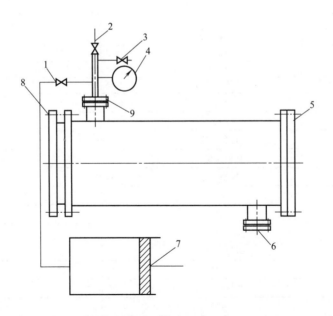

图 4-31 壳程试压流程

1—进水节流阀；2—安全阀；3—出水节流阀；4—压力表；5—管板法兰；6—盲板；
7—试压泵；8—试压辅助法兰；9—试压盲板

管程试压流程如图 4-32 所示。

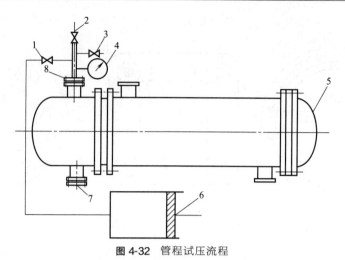

图 4-32 管程试压流程

1—进水节流阀；2—安全阀；3—出水节流阀；4—压力表；5—封头；6—试压泵；7—盲板；8—试压盲板

训练：拆装试压

对填料函式换热器进行拆装，并进行压力试验，完成试验表格（表 4-5 和表 4-6）。

▫ 表 4-5 结构识读训练

名称	项目		结果
换热器	种类		
管程	公称压力		
壳程			
筒体	材料		
	规格尺寸		
管板	材料		
	类型		
	与筒体连接方式		
换热管	材料		
	类型		
	排列方式		
	与管板连接方式		
	规格尺寸		
管箱结构	流程		
	隔板		
管箱法兰	类型		
	密封面形式		
筒体法兰	类型		
	密封面形式		
折流板	类型		
	数量		
	固定方式	拉杆-定距管固定(是/否)	
		拉杆点焊固定(是/否)	
拉杆	数量		
支座	类型		

▣ 表4-6 压力试验检验报告

检验项目	压力试验	□水压 □气压 □气密		设备名称	
试验部位			设备位号		
试验压力/MPa			压力表量程/MPa		
试验介质			压力表精度等级		
氯离子含量/(mg/L)			保压时间/min		

试验曲线

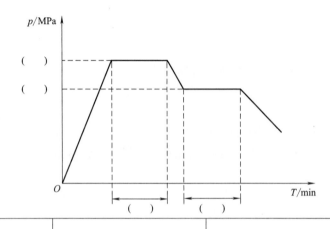

泄漏部位		检验日期:
异常变形部位		
异常响声		
试验结果		
检验员		

附录

附录一　装配钳工国家职业技能标准

1　职业概况

1.1　职业名称

装配钳工。

1.2　职业定义

操作机械设备或使用工装、工具,进行机械设备零件、组件或成品组合装配与调试的人员。

1.3　职业等级

本职业共设五个等级,分别为初级（国家职业资格五级）、中级（国家职业资格四级）、高级（国家职业资格三级）、技师（国家职业资格二级）、高级技师（国家职业资格一级）。

1.4　职业环境

室内,常温。

1.5　职业能力特征

有一定的学习和计算能力,有较强的空间感,手指、手臂灵活,动作协调。

1.6　基本文化程度

初中毕业。

1.7　培训要求

1.7.1　培训期限。

全日制职业学校教育,根据其培养目标和教学计划确定。晋级培训期限：初级不少于500标准学时；中级不少于400标准学时；高级不少于300标准学时；技师不少于300标准学时；高级技师不少于200标准学时。

1.7.2　培训教师。

培训初、中、高级装配钳工的教师应具有本职业技师以上职业资格证书或本专业中级以上专业技术职务任职资格；培训技师的教师应具有本职业高级技师职业资格证书或本专业高级专业技术职务任职资格；培训高级技师的教师应具有本职业高级技师职业资格证书2年以上或本专业高级专业技术职务任职资格。

1.7.3　培训场地设备。

满足教学需要的标准教室和具有常用机械设备、辅助加工设备及相应的工装、工具的实际操作场所。

1.8　鉴定要求

1.8.1　适用对象。

从事或准备从事本职业的人员。

1.8.2　申报条件。

——初级（具备下列条件之一者）

① 经本职业初级正规培训达规定标准学时数，并取得毕（结）业证书。

② 在本职业连续见习工作2年以上。

③ 本职业学徒期满。

——中级（具备以下条件之一者）

① 取得本职业初级职业资格证书后，连续从事本职业工作3年以上，经本职业中级正规培训达规定标准学时数，并取得毕（结）业证书。

② 取得本职业初级职业资格证书后，连续从事本职业工作5年以上。

③ 连续从事本职业工作7年以上。

④ 取得经劳动保障行政部门审核认定的、以中级技能为培养目标的中等以上职业学校本职业（专业）毕业证书。

——高级（具备以下条件之一者）

① 取得本职业中级职业资格证书后，连续从事本职业工作4年以上，经本职业高级正规培训达规定标准学时数，并取得毕（结）业证书。

② 取得本职业中级职业资格证书后，连续从事本职业工作7年以上。

③ 取得高级技工学校或经劳动保障行政部门审核认定的、以高级技能为培养目标的高等职业学校本职业（专业）毕业证书。

④ 大专以上本专业或相关专业毕业生，取得本职业中级职业资格证书后连续从事本职业工作2年以上。

——技师（具备以下条件之一者）

① 取得本职业高级职业资格证书后，连续从事本职业工作5年以上，经本职业技师正规培训达规定标准学时数，并取得毕（结）业证书。

② 取得本职业高级职业资格证书后，连续从事本职业工作8年以上。

③ 高级技工学校本职业（专业）毕业生和大专以上本专业或相关专业毕业生取得本职业高级职业资格证书后，连续从事本职业工作满2年。

——高级技师（具备以下条件之一者）

① 取得本职业技师职业资格证书后，连续从事本职业工作3年以上，经本职业高级技师正规培训达规定标准学时数，并取得毕（结）业证书。

② 取得本职业技师职业资格证书后，连续从事本职业工作5年以上。

1.8.3　鉴定方式。

分为理论知识考试和技能操作考核。理论知识考试采用闭卷笔试方式，技能操作考核采用现场实际操作方式。理论知识考试和技能操作考核均实行百分制，成绩皆达60分以上者为合格。技师、高级技师鉴定还需进行综合评审。

1.8.4　考评人员与考生配比。

理论知识考试考评人员与考生配比为1∶15，每个标准教室不少于2名考评人员；技能操作考核考评员与考生配比为1∶5，且不少于3名考评员。

1.8.5　鉴定时间。

理论知识考试时间为120min；技能操作考核时间：初级不少于240min，中级不少于300min，高级不少于360min，技师不少于420min，高级技师不少于240min；论文答辩时间不少于45min。

1.8.6　鉴定场所设备。

理论知识考试在标准教室进行；技能操作考核场所应具有足够空间、照度，以及必要的机械设备、辅助设备和相应的工装、工具等。

2 基本要求

2.1 职业道德

2.1.1 职业道德基本知识。

2.1.2 职业守则。

① 遵守法律、法规和有关规定。

② 爱岗敬业，具有高度的责任心。

③ 严格执行工作程序、工作规范、工艺文件和安全操作规程。

④ 工作认真负责，团结合作。

⑤ 爱护设备及工具、夹具、刀具、量具。

⑥ 着装整洁，符合规定；保持工作环境清洁有序，文明生产。

2.2 基础知识

2.2.1 理论知识。

① 识图知识。

② 公差与配合。

③ 常用金属材料及热处理知识。

④ 常用非金属材料知识。

2.2.2 机械加工基础知识。

① 机械传动知识。

② 机械加工常用设备知识（分类、用途）。

③ 金属切削常用刀具知识。

④ 典型零件（主轴、箱体、齿轮等）的加工工艺。

⑤ 设备润滑及切削液的使用知识。

⑥ 工具、夹具、量具使用与维护知识。

2.2.3 钳工基础知识。

① 划线知识。

② 钳工操作知识（錾、锉、锯、钻、铰孔、攻螺纹、套螺纹）。

2.2.4 电工知识。

① 通用设备常用电器的种类及用途。

② 电力拖动及控制原理基础知识。

③ 安全用电知识。

2.2.5 安全文明生产与环境保护知识。

① 现场文明生产要求。

② 安全操作与劳动保护知识。

③ 环境保护知识。

2.2.6 质量管理知识。

① 企业的质量方针。

② 岗位的质量要求。

③ 岗位的质量保证措施与责任。

2.2.7 相关法律、法规知识。
① 劳动法相关知识。
② 合同法相关知识。
3 工作要求

本标准对初级、中级、高级、技师、高级技师的技能要求依次递进,高级别包括低级别的要求。

3.1 初级

职业功能	工作内容		技能要求	相关知识
一、工艺准备	(一)读图		①能够读懂轴承座、端盖、手轮、套等一般零件图 ②能够读懂车床的尾座、台虎钳等一般部件的装配图和简单机械的装配图	①零件图中各种符号的含义 ②零件在装配图中的表示方法
	(二)编制加工、装配工艺		能够读懂简单零件的加工工艺	①相关职业(如车、铣、刨、磨)一般工艺知识 ②金属毛坯制造的基本知识(如铸造、锻造)
二、加工与装配	(一)划线		能够进行一般零件的平面划线和简单的立体划线	①划线工具的使用及保养方法 ②划线用涂料的种类、配制方法及应用场合 ③划线基准的选择原则
	(二)钻、铰孔及攻螺纹		①能够在同一平面上钻铰2~3个孔,并达到以下要求:公差等级IT8,位置度公差ϕ0.2 mm,表面粗糙度Ra1.6 μm ②能够攻M20以下的螺纹,没有明显的倾斜 ③能够刃磨标准麻花钻头	①螺纹的种类、用途及各部尺寸之间的关系 ②常用切削液的种类、选择方法及对工件质量的影响 ③快换夹头的构造及使用方法 ④钻头的常用角度
	(三)刮削与研磨		①能够刮削750mm×1500mm的平板达2级(不少于12点) ②能够研磨100mm×100mm的平面,并达到以下要求:表面粗糙度Ra0.4 μm,平面度0.02 mm	①刮削原始平板的原理和方法 ②研磨磨料的选择和研磨的基本方法
	(四)装配与调整		能够进行普通车床尾座、台虎钳等简单部件的装配或简单机械设备的总装配,并达到技术要求	①装配的基础知识 ②常用起重设备及安全操作规程 ③钳工常用设备、工具和量具的使用与维护保养方法 ④铆接、锡焊、粘接、校正与弯形方法 ⑤弹簧知识
三、精度检验	(一)钻、铰孔及攻螺纹的检验		能够合理选择、正确使用游标卡尺、内径百分表等常用量具检验钻、铰孔及攻螺纹的质量	常用量具的结构和使用方法
	(二)装配质量检验	外观检验	能够进行以下项目的检验: a. 油路畅通、无渗漏 b. 机件完整,连接及紧固可靠 c. 表面涂装质量	①密封与防漏的基本知识 ②表面处理及油漆的基本知识

续表

职业功能	工作内容		技能要求	相关知识
三、精度检验	(二)装配质量检验	性能及精度检验	①能够进行简单机械设备空运转试验操作,并检验设备运行有无异常噪声、过热等现象 ②简单机械的精度检验	①设备的操作规程 ②简单机械设备精度的检验方法 ③设备空运转试验要求
四、设备维护	常用设备的维护保养		能够正确使用和维护保养立钻、台钻、摇臂钻等钳工常用设备	立钻、台钻、摇臂钻等设备的安全操作规程及维护保养方法

3.2 中级

职业功能	工作内容	技能要求	相关知识
一、工艺准备	(一)读图与绘图	①能够读懂车床的主轴箱、进给箱,铣床的进给变速箱等部件装配图 ②能够绘制垫、套、轴等简单零件图	①标准件和常用件的规定画法、技术要求及标注方法 ②读部件装配图的方法
	(二)编制加工、装配工艺	①能够提出装配所需工装的设计方案 ②能够根据机械设备的技术要求,确定装配工艺顺序	①装配常用工装的基本知识 ②编制机械设备装配工艺规程的基本知识
二、加工与装配	(一)划线	能够进行箱体、大型工件等较复杂形体工件的主体划线	①复杂工件的划线方法 ②锥体及多面体的展开方法
	(二)钻、铰孔及攻螺纹	①能够按图样要求钻复杂工件上的小孔、斜孔、深孔、盲孔、多孔、相交孔 ②能够刃磨群钻	①小孔、斜孔、深孔、盲孔、多孔、相交孔的加工方法 ②群钻的种类、功能及刃磨方法
	(三)刮削与研磨	①能够刮削平板、方箱及燕尾形导轨,并达到以下要求:在 $25mm \times 25mm$ 范围内接触点数不少于 16 点,表面粗糙度 $Ra0.8\mu m$,直线度公差每米长度内为 $0.015 \sim 0.02mm$ ②能够刮削轴瓦,并达到以下要求:磨床磨头主轴轴瓦在 $25mm \times 25mm$ 范围内接触点数 $16 \sim 20$ 点,同轴度 $\phi 0.02mm$,表面粗糙度 $Ra1.6\mu m$ ③能够研磨 $\phi 80mm \times 400mm$ 孔,并达到以下要求:圆柱度 $\phi 0.015mm$,表面粗糙度 $Ra0.4\mu m$	①导轨刮削的基本方法及检测方法 ②曲面刮削基本方法及检测方法 ③孔的研磨方法及检测方法
	(四)旋转体的静平衡	能够对旋转体进行静平衡	旋转体静平衡的基本知识及方法
	(五)装配与调整	①能够进行普通金属切削机床的部件装配并达到技术要求 ②能够进行压缩机、气锤、压力机、木工机械等的装配,并达到技术要求	①连接件、传动件、密封件的装配工艺知识 ②通用机械的工作原理和构造 ③装配滑动轴承和滚动轴承的方法 ④装配尺寸链的知识

续表

职业功能	工作内容	技能要求	相关知识
三、精度检验	（一）钻、铰孔及攻螺纹的检验	能够正确使用转台、万能角度尺、正弦规等测量特殊孔的精度	常用量仪（如游标卡尺、内径千分尺、内径千分表、千分表、杠杆千分表、水平仪、经纬仪等）的结构、工作原理和使用方法
	（二）装配质量检验	①能够进行新装设备空运转试验 ②能够正确使用常用量具对试件进行检验 ③能够进行设备的几何精度检验 ④能够对常见故障进行判断	①通用机械质量检验项目和检验方法 ②通用机械常见故障判断方法
四、设备维护	装配钳工常用设备的维护保养	能够排除立钻、台钻、摇臂钻等钳工常用设备的故障	立钻、台钻、摇臂钻等钳工常用设备故障排除方法

3.3 高级

职业功能	工作内容	技能要求	相关知识
一、工艺准备	（一）读图与绘图	①能够读懂车床、立式钻床等设备的装配图 ②能够阅读简单的电气、液（气）压系统原理图 ③能够绘制齿轮、传动轴等一般零件图	①常用电气图形符号和代号 ②机械设备电气图的读图方法 ③液（气）压元件的符号及表示方法
	（二）编制加工、装配工艺	①能够对关键件的加工工艺规程提出改进意见 ②能够编制复杂设备的装配工艺规程	复杂机械设备装配工艺规程的编制方法
二、加工与装配	（一）划线	能够进行复杂畸形工件的划线	①凸轮的种类、用途、各部尺寸的计算及划线方法 ②曲线的划线方法 ③畸形工件的划线方法
	（二）钻、铰孔	能够钻削、铰削高精度孔系	钻削、铰削高精度孔系的方法
	（三）刮削与研磨	①能够刮平板、方箱达1级（不少于20点） ②能够研磨 $\phi100mm \times 400mm$ 孔，并达到以下要求：圆柱度 $\phi0.015$ mm，表面粗糙度 $Ra0.4\mu m$	提高刮削精度的方法
	（四）旋转体的动平衡	能够对旋转体进行动平衡	动平衡的原理和方法
	（五）装配与调整	能够装配铣床、磨床、齿轮加工机床、镗床等普通金属切削机床，并达到技术要求	①机构与机械零件知识 ②静压导轨、静压轴承的工作原理、结构和应用知识 ③轴瓦浇注巴氏合金的知识 ④各种挤压加工方法 ⑤精密部件的装配知识（如高精度轴承、内圆磨具的装配等） ⑥液压传动原理，常用液压泵、控制阀、辅助元件的种类、工作原理及应用方法

续表

职业功能	工作内容	技能要求	相关知识
三、装配质量检验	性能及精度检验	①能够排除设备空运转试验中出现的故障 ②能够对负荷试验件不合格项进行分析并处理 ③能够分析设备几何精度超差原因，并实施设备精度调整	①机械设备空运转及负荷试验中常见故障分析及排除方法 ②机械设备几何精度超差的原因及精度调整方法
四、培训指导	指导操作	能指导本职业初、中级工进行实际操作	指导实际操作的基本方法

3.4 技师

职业功能	工作内容	技能要求	相关知识
一、工艺准备	（一）读图与绘图	①能够读懂复杂设备机械、液（气）压系统原理图，数控设备基本原理图和机械装配图 ②能够提出装配需用的专用夹具、胎具的设计方案并绘制草图 ③能够借助词典看懂进口设备相关外文标牌及使用规范	①复杂设备及数控设备的读图方法 ②一般夹具设计与制造知识 ③常用标牌及使用规范英（或其他外语）汉对照表
	（二）编制装配工艺	①能够根据新产品的技术要求，编制装配工艺规程 ②能够编制关键件的装配作业指导书	①与装配钳工相关的新技术、新工艺、新设备、新材料的知识（如滚珠丝杠副、涂塑导轨等） ②编制装配作业指导书的方法
二、加工与装配	（一）刮削与研磨	①能够刮削精密机床导轨，并达到以下要求：在25mm×25mm范围内接触点为20～25点，表面粗糙度$Ra0.8\mu m$，直线度0.003mm/1000mm；组合导轨"V、—""V、V"的平行度公差0.004mm/1000mm ②能够精研$\phi100×400mm$孔，并达到以下要求：圆柱度$\phi0.008mm$，表面粗糙度$Ra0.2\mu m$	①组合导轨的刮研及检测方法 ②提高研磨精度的方法及研具的制备知识
	（二）装配与调整	①能够装配坐标镗床、齿轮磨床等高速、精密、复杂设备，并达到技术要求 ②能够装配、调整数控机床 ③能够装配、调试新产品	①复杂和高精度机械设备的工作原理、构造及装配调整方法 ②数控机床基本知识
三、装配质量检验	性能及精度检验	①能够进行高速、精密、复杂设备空运转试验并排除出现的故障 ②能够对高精设备试件不合格项的产生原因进行综合分析并予以处理 ③能够对高速、精密、复杂设备的几何精度进行检验，并分析超差原因和提出解决方法	①精密量仪的结构原理（如合像水平仪、光学平直仪、平晶等） ②振动基本常识 ③高速、精密、复杂设备几何精度的检验方法、超差原因及解决方法
四、培训指导	（一）指导操作	能够指导本职业初、中、高级工进行实际操作	培训教学基本方法
	（二）理论培训	能够讲授本专业技术理论知识	

续表

职业功能	工作内容	技能要求	相关知识
五、管理	(一)质量管理	①能够在本职工作中认真贯彻各项质量标准 ②能够应用质量管理知识,实现操作过程的质量分析与控制	①相关质量标准 ②质量分析与控制方法
	(二)生产管理	①能够组织有关人员协同作业 ②能够协助部门领导进行生产计划、调度及人员的管理	生产管理基本知识

3.5 高级技师

职业功能	工作内容	技能要求	相关知识
一、工艺准备	(一)读图与绘图	①能够读懂高速、精密设备机械、液(气)压系统原理图和机械装配图 ②能够设计专用夹具、胎具并绘图 ③能够借助词典看懂与进口设备相关的外文资料(图样及技术标准等)	①高速、精密设备读图方法 ②较复杂夹具设计与制造知识 ③常用进口设备外文资料英(或其他外语)汉对照表
	(二)编制装配工艺	能够进行精密、大型、稀有设备装配工艺的编制(如坐标镗床、齿轮磨床等)	精密、大型、稀有设备装配工艺案例(坐标镗床、齿轮磨床)
二、加工与装配	(一)刮削与研磨	①能够组织解决刮削和研磨过程中出现的疑难问题 ②能够超精研 $\phi 100mm \times 400mm$ 孔,并达到以下要求:圆柱度达 $\phi 0.006mm$,表面粗糙度达 $Ra0.1\mu m$	超精研磨技术及精度测量方法,超差项的解决方法
	(二)装配与调整	①能够组织解决装配高速、精密、复杂设备中出现的技术难题 ②能够组织数控机床及新产品的装配、调试,并解决出现的重大疑难问题	高速、精密、复杂设备及数控机床的装配与调试中出现的技术难题及解决方法
三、装配质量检验	性能及精度检验	能够组织解决高速、精密、复杂设备在装配、试验中出现的振动、变形、噪声等疑难问题	①金相、光谱、材料化学成分分析以及零件探伤的知识 ②噪声方面的知识 ③解决振动、变形、噪声等疑难问题的方法
四、培训指导	(一)指导操作	能够指导本职业初、中、高级工和技师进行实际操作	培训讲义的编制方法
	(二)理论培训	能够对本职业初、中、高级工进行技术理论培训	

4 比重表
4.1 理论知识
%

项目		初级	中级	高级	技师	高级技师
基本要求	职业道德	5	5	5	5	5
	基础知识	25	25	20	20	15

续表

项目		初级	中级	高级	技师	高级技师
相关知识	工艺准备	25	25	25	20	20
	加工与装配	20	20	20	20	20
	精度检验	20	20	25	20	20
	设备维护	5	5	5	5	5
	培训指导	—	—	—	5	10
	管理	—	—	—	5	5
合计		100	100	100	100	100

注：高级技师"管理"模块内容按技师标准考核。

4.2 技能操作 %

项目		初级	中级	高级	技师	高级技师
技能要求	工艺准备	10	10	20	15	15
	加工与装配	70	70	60	60	60
	精度检验	10	10	10	10	10
	设备维护	10	10	10	5	5
	培训指导	—	—	—	5	5
	管理	—	—	—	5	5
合计		100	100	100	100	100

注：高级技师"管理"模块内容按技师标准考核。

附录二 离心泵维护检修规程（SHS 01013—2004）

1 总则

1.1 主题内容适用范围

1.1.1 本规程规定了离心泵的检修周期与内容、检修与质量标准、试车与验收、维护与故障处理。

1.1.2 本规程适用于石油化工常用离心泵。

1.2 编写修订依据

SY—21005—73 炼油厂离心泵维护检修规程

HGJ 1034—79 化工厂清水泵及金属耐蚀泵维护检修规程

HGJ 1035—79 化工厂离心式热油泵维护检修规程

HGJ 1036—79 化工厂多级离心泵维护检修规程

GB/T 5657—1995 离心泵技术要求

API 610—1995 石油、重化学和天然气工业用离心泵

2 检修周期与内容

2.1 检修周期

2.1.1 根据状态监测结果及设备运行状况，可以适当调整检修周期。

2.1.2 检修周期（见表1）。

表 1 检修周期表

检修类别	小修	大修
检修周期	6	18

2.2 检修内容

2.2.1 小修项目。

2.2.1.1 更换填料密封。

2.2.1.2 双支承泵检查清洗轴承、轴承箱、挡油环、挡水环、油标等，调整轴承间隙。

2.2.1.3 检查修理联轴器及驱动机与泵的对中情况。

2.2.1.4 处理在运行中出现的一般缺陷。

2.2.1.5 检查清理冷却水、封油和润滑等系统。

2.2.2 大修项目。

2.2.2.1 包括小修项目。

2.2.2.2 检查修理机械密封。

2.2.2.3 解体检查各零部件的磨损、腐蚀和冲蚀情况。泵轴、叶轮必要时进行无损探伤。

2.2.2.4 检查清理轴承、油封等，测量、调整轴承油封间隙。

2.2.2.5 检查测量转子的各部圆跳动和间隙，必要时做动平衡校验。

2.2.2.6 检查并校正轴的直线度。

2.2.2.7 测量并调整转子的轴向窜动量。

2.2.2.8 检查泵体、基础、地脚螺栓及进出口法兰的错位情况，防止将附加应力施加于泵体，必要时重新配管。

3 检修与质量标准

3.1 拆卸前准备

3.1.1 掌握泵的运转情况，并备齐必要的图纸和资料。

3.1.2 备齐检修工具、量具、起重机具、配件及材料。

3.1.3 切断电源及设备与系统的联系，放净泵内介质，达到设备安全与检修条件。

3.2 拆卸与检查

3.2.1 拆卸附属管线，并检查清扫。

3.2.2 拆卸联轴器安全罩，检查联轴器对中，设定联轴器的定位标记。

3.2.3 测量转子的轴向窜动量，拆卸检查轴承。

3.2.4 拆卸密封并进行检查。

3.2.5 测量转子各部圆跳动和间隙。

3.2.6 拆卸转子，测量主轴的径向圆跳动。

3.2.7 检查各零部件，必要时进行探伤检查。

3.2.8 检查通流部分是否有汽蚀冲刷、磨损、腐蚀结垢等情况。

3.3 检修标准按设备制造厂要求执行，无要求的按本标准执行

3.3.1 联轴器。

3.3.1.1 半联轴器与轴配合为 H7/js6。

3.3.1.2 联轴器两端面轴向间隙一般为 2～6mm。

3.3.1.3 安装齿式联轴器应保证外齿在内齿宽的中间部位。

3.3.1.4 安装弹性圈柱销联轴器时，其弹性圈与柱销应为过盈配合，并有一定紧力。弹性圈与联轴器销孔的直径间隙为 0.6~1.2mm。

3.3.1.5 联轴器的对中要求值应符合表2要求。

表 2 联轴器对中要求表   mm

联轴器形式	径向允差	端面允差
刚性	0.06	0.04
弹性圈柱销式	0.08	0.06
齿式		
叠片式	0.15	0.08

3.3.1.6 联轴器对中检查时，调整垫片每组不得超过4块。

3.3.1.7 热油泵预热升温正常后，应校核联轴器对中。

3.3.1.8 叠片联轴器做宏观检查。

3.3.2 轴承。

3.3.2.1 滑动轴承。

a. 轴承与轴承压盖的过盈量为 0~0.44mm（轴承衬为球面的除外），下轴承衬与轴承座接触应均匀，接触面积达60%以上，轴承衬不许加垫片。

b. 更换轴承时，轴颈与下轴承接触角为 60°~90°，接触面积应均匀，接触点不少于2~3点/cm^2。

c. 轴承合金层与轴承衬应结合牢固，合金层表面不得有气孔、夹渣、裂纹、剥离等缺陷。

d. 轴承顶部间隙值应符合表3要求。

表 3 轴承顶部间隙表   mm

轴径	间隙	轴径	间隙
18~30	0.07~0.12	>80~120	0.14~0.22
>30~50	0.08~0.15	>120~180	0.16~0.26
>50~80	0.10~0.18		

e. 轴承侧间隙在水平中分面上的数值为顶部间隙的一半。

3.3.2.2 滚动轴承。

a. 承受轴向和径向载荷的滚动轴承与轴配合为 H7/js6。

b. 仅承受径向载荷的滚动轴承与轴配合为 H7/k6。

c. 滚动轴承外圈与轴承箱内壁配合为 Js7/h6。

d. 凡轴向止推采用滚动轴承的泵，其滚动轴承外圈的轴向间隙应留有 0.02~0.06mm。

e. 滚动轴承拆装时，采用热装的温度不超过120℃，严禁直接用火焰加热，推荐采用高频感应加热器。

f. 滚动轴承的滚动体与滚道表面应无腐蚀、坑疤与斑点，接触平滑无杂音，保持架完好。

3.3.3 密封。

3.3.3.1 机械密封。
a. 压盖与轴套的直径间隙为0.75～1.00mm，压盖与密封腔间的垫片厚度为1～2mm。
b. 密封压盖与静环密封圈接触部位的粗糙度为$Ra3.2$。
c. 安装机械密封部位的轴或轴套，表面不得有锈斑、裂纹等缺陷，粗糙度$Ra1.6$。
d. 静环尾部的防转槽根部与防转销顶部应保持1～2mm的轴向间隙。
e. 弹簧压缩后的工作长度应符合设计要求。
f. 机械密封并且弹簧的旋向应与泵轴的旋转方向相反。
g. 压盖螺栓应均匀上紧，防止压盖端面偏斜。
h. 静环装入压盖后，应检查确认静环无偏斜。

3.3.3.2 填料密封。
a. 间隔环与轴套的直径间隙一般为1.00～1.50mm。
b. 间隔环与填料箱的直径间隙为0.15～0.20mm。
c. 填料压盖与轴套的直径间隙为0.75～1.00mm。
d. 填料压盖与填料箱的直径间隙为0.10～0.30mm。
e. 填料底套与轴套的直径间隙为0.50～1.00mm。
f. 填料环的外径应小于填料函孔径0.30～0.50mm，内径大于轴径0.10～0.20mm。切口角度一般与轴向成45°。
g. 安装时，相邻两道填料的切口至少应错开90°。
h. 填料均匀压入，至少每两圈压紧一次，填料压盖压入深度一般为一圈盘根高度，但不得小于5mm。

3.3.4 转子。
3.3.4.1 转子的跳动。
a. 单级离心泵转子跳动应符合表4要求。

表4 单级离心泵转子跳动表　　　　　　　　　　　　　　　　mm

测量部位直径	径向圆跳动		叶轮端面圆跳动
	叶轮密封环	轴套	
≤50	0.05	0.04	0.20
>50～120	0.06	0.05	
>120～260	0.07	0.06	
>260	0.08	0.07	

b. 多级离心泵转子跳动应符合表5要求。

表5 多级离心泵转子跳动表　　　　　　　　　　　　　　　　mm

测量部位直径	径向圆跳动		端面圆跳动	
	叶轮密封环	轴套	叶轮端面	平衡盘
≤50	0.06	0.03	0.20	0.04
>50～120	0.08	0.04		
>120～260	0.10	0.05		
>260	0.12	0.06		

3.3.4.2 轴套与轴配合为 H7/h6，表面粗糙度 $Ra1.6\mu m$。

3.3.4.3 平衡盘与轴配合为 H7/js6。

3.3.4.4 根据运行情况，必要时转子应进行动平衡校验，其要求应符合相关技术要求。一般情况下动平衡精度要达到6.3级。

3.3.4.5 对于多级泵，转子组装时，其轴套、叶轮、平衡盘端面圆跳动需达到表5的技术要求，必要时研磨修刮配合端面。组装后各部件之间的相对位置需做好标记，然后进行动平衡校验，校验合格后转子解体。各部件按标记进行回装。

3.3.4.6 叶轮。

a. 叶轮与轴的配合为 H7/js6。

b. 更换的叶轮应做静平衡，工作转速在 3000r/min 的叶轮，外径上允许剩余不平衡量不得大于表6的要求。必要时组装后转子做动平衡校验，一般情况下，动平衡精度要达到6.3级。

表6 叶轮静平衡允许剩余不平衡量表

叶轮外径/mm	≤200	>200～300	>300～400	>400～500
不平衡重/g	3	5	8	10

c. 平衡校验，一般情况在叶轮上去重，但切去厚度不得大于叶轮壁厚的1/3。

d. 对于热油泵，叶轮与轴装配时，键顶部应留有 0.10～0.40mm 间隙，叶轮与前后隔板的轴向间隙不小于 1～2mm。

3.3.4.7 主轴。

a. 主轴颈圆柱度为轴径的 0.25‰，最大值不超过 0.025mm，且表面应无伤痕，表面粗糙度 $Ra1.6\mu m$。

b. 以两轴颈为基准，联轴节和轴中段的径向圆跳动公差值为 0.04mm。

c. 键与键槽应配合紧密，不允许加垫片，键与轴键槽的过盈量应符合表7要求。

表7 键与轴键槽的过盈量表　　　　　　　　　　　　　　　　mm

轴径	40～70	>70～100	>100～230
过盈量	0.009～0.012	0.011～0.015	0.012～0.017

3.3.5 壳体口环与叶轮口环、中间托瓦与中间轴套的直径间隙值应符合表8要求。

表8 口环、托瓦、轴套配合间隙表　　　　　　　　　　　　　　mm

泵类	口环直径	壳体口环与叶轮口环间隙	中间托瓦与中间轴套间隙
冷油泵	<100	0.40～0.60	0.30～0.40
	≥100	0.60～0.70	0.40～0.50
热油泵	<100	0.60～0.80	0.40～0.60
	≥100	0.80～1.00	0.60～0.70

3.3.6 转子与泵体组装后，测定转子总轴向窜量，转子定中心时应取总窜量的一半；对于两端支承的热油泵，入口的轴向间隙应比出口的轴向间隙大 0.5～1.00mm。

4 试车与验收

4.1 试车前准备

4.1.1　检查检修记录，确认检修数据正确。
4.1.2　单试电机合格，确认转向正确。
4.1.3　热油泵启动前要暖泵，预热速度不得超过50℃/h，每半小时盘车180°。
4.1.4　润滑油、封油、冷却水等系统正常，零附件齐全好用。
4.1.5　盘车无卡涩现象和异常声响，轴封渗漏符合要求。

4.2　试车

4.2.1　离心泵严禁空负荷试车，应按操作规程进行负荷试车。
4.2.2　对于强制润滑系统，轴承油的温升不应超过28℃，轴承金属的温度应小于93℃；对于油环润滑或飞溅润滑系统，油池的温升不应超过39℃，油池温度应低于82℃。
4.2.3　轴承振动标准见SHS 01003—2004《石油化工旋转机械振动标准》。
4.2.4　保持运转平稳，无杂音，封油、冷却水和润滑油系统工作正常，泵及附属管路无泄漏。
4.2.5　控制流量、压力和电流在规定范围内。
4.2.6　密封介质泄漏不得超过下列要求。

机械密封：轻质油10滴/min，重质油5滴/min；
填料密封：轻质油20滴/min，重质油10滴/min。

对于有毒、有害、易燃易爆的介质，不允许有明显可见的泄漏。对于多级泵，泵出口流量不小于泵最小流量。

4.3　验收

4.3.1　连续运转24h后，各项技术指标均达到设计要求或能满足生产需要。
4.3.2　达到完好标准。
4.3.3　检修记录齐全、准确，按规定办理验收手续。

5　维护与故障处理

5.1　日常维护

5.1.1　严格执行润滑管理制度。
5.1.2　保持封油压力比泵密封腔压力大0.05～0.15MPa。
5.1.3　定时检查出口压力、振动、密封泄漏、轴承温度等情况，发现问题应及时处理。
5.1.4　定期检查泵附属管线是否畅通。
5.1.5　定期检查泵各部螺栓是否松动。
5.1.6　热油泵停车后每半小时盘车一次，直到泵体温度降到80℃以下为止，备用泵应定期盘车。

5.2　故障与处理（见表9）

表9　常见故障与处理

序号	故障现象	故障原因	处理方法
1	流量扬程降低	泵内或吸入管内存有气体 泵内或管路有杂物堵塞 泵的旋转方向不对 叶轮流道不对中	重新灌泵，排除气体 检查清理 改变旋转方向 检查、修正流道对中
2	电流升高	转子与定子碰擦	解体修理

续表

序号	故障现象	故障原因	处理方法
3	振动增大	泵转子或驱动机转子不平衡 泵轴与原动机轴对中不良 轴承磨损严重,间隙过大 地脚螺栓松动或基础不牢固 泵抽空 转子零部件松动或损坏 支架不牢引起管线振动 泵内部摩擦	转子重新平衡 重新校正 修理或更换 紧固螺栓或加固基础 进行工艺调整 紧固松动部件或更换 管线支架加固 拆泵检查消除摩擦
4	密封泄漏严重	泵轴与原动机对中不良或轴弯曲 轴承或密封环磨损过多形成转子偏心 机械密封损坏或安装不当 密封液压力不当 填料过松 操作波动大	重新校正 更换并校正轴线 更换检查 比密封腔前压力大 0.05~0.15MPa 重新调整 稳定操作
5	轴承温度过高	轴承安装不正确 转动部分平衡被破坏 轴承箱内油过少、过多或太脏变质 轴承磨损或松动 轴承冷却效果不好	按要求重新装配 检查消除 按规定添放或更换油 修理更换或紧固 检查调整

参 考 文 献

[1] 汪哲能. 钳工工艺与技能训练. 2版. 北京：机械工业出版社，2018.
[2] 温上樵，王敏，周卫东. 钳工实训. 成都：电子科技大学出版社，2014.
[3] 黄虹，张涛，黄鹰航. 钳工加工工艺及应用. 北京：国防工业出版社，2011.
[4] 朱江峰，姜英. 钳工技能训练. 北京：北京理工大学出版社，2010.
[5] 赵玉霞，苏和堂. 钳工技能训练. 合肥：安徽科学技术出版社，2013.
[6] 王国玉，苏全卫. 钳工技术基本功. 北京：人民邮电出版社，2011.
[7] 孙晓华，曹洪利. 装配钳工工艺与实训任务驱动模式. 北京：机械工业出版社，2013.
[8] 靳兆文. 化工检修钳工实操技能. 北京：化学工业出版社，2010.
[9] 顾致祥，强瑞鑫. 车床常见故障诊断与检修. 2版. 北京：机械工业出版社，2012.
[10] 张国军，胡剑. 机电设备装调训练与考级：机械分册. 北京：北京理工大学出版社，2012.
[11] 葛冬云. 机械拆装. 合肥：安徽科学技术出版社，2013.
[12] 潘启平. 装配钳工技能训练. 北京：北京航空航天大学出版社，2013.
[13] 田大勇. 装配钳工实训指导. 北京：化学工业出版社，2015.
[14] 郭家萍，于颖. 机械拆装与测绘. 北京：机械工业出版社，2011.
[15] 冯忠伟，胡武军，耿建宝. 钳工实训. 上海：同济大学出版社，2017.
[16] 郁东. 机械加工技术训练. 北京：机械工业出版社，2011.
[17] 田景亮. 机床安装与精度检测. 北京：机械工业出版社，2011.
[18] 张水潮. 装配钳工. 北京：机械工业出版社，2018.
[19] 邱言龙，雷振国. 机床机械维修技术. 北京：中国电力出版社，2014.
[20] 乐为. 机电设备装调与维护技术基础. 北京：机械工业出版社，2009.
[21] 王丽芬. 机械设备维修与安装. 北京：机械工业出版社，2011.
[22] 田华. 机修钳工工艺与技能训练. 北京：机械工业出版社，2013.
[23] 李书伟. 钳工全技师培训教程. 北京：化学工业出版社，2011.
[24] 朱宇钊，洪文仪. 装配钳工. 北京：机械工业出版社，2014.
[25] 郑喜朝. 机械加工设备. 北京：北京理工大学出版社，2013.
[26] 张松生，贾明权. 钳工中级. 北京：化学工业出版社，2010.
[27] 赵莹. 钳工岗位手册. 北京：机械工业出版社，2014.
[28] 曹焕亚，娄岳海. 机械装置拆装测绘实训. 北京：机械工业出版社，2010.
[29] 刘海，孙思炯. 机械维修技能实训. 天津：天津大学出版社，2011.
[30] 邱言龙，李文菱，谭修炳. 工具钳工实用技术手册. 北京：中国电力出版社，2010.
[31] 郭传东. 钳工. 北京：化学工业出版社，2012.
[32] 杨雨松. 泵维护与检修. 2版. 北京：化学工业出版社，2015.
[33] SHS 01013—2004. 离心泵维护检修规程.
[34] 柴立平. 泵选用手册. 北京：机械工业出版社，2009.
[35] 程俊骥. 泵与风机运行检修. 北京：机械工业出版社，2012.
[36] 刘敏丽. 泵与风机运行检修. 北京：北京理工大学出版社，2014.
[37] 魏龙. 泵运行与维修实用技术. 北京：化学工业出版社，2014.
[38] 全国化工设备设计技术中心站机泵技术委员会. 工业泵选用手册. 2版. 北京：化学工业出版社，2014.
[39] 程剑锋. 化工泵的维护与检修. 北京：石油工业出版社，2013.
[40] 张涵. 化工机器. 北京：化学工业出版社，2005.
[41] 乔建芬，郑智宏. 化工机械设备操作与维护. 北京：化学工业出版社，2013.
[42] 张剑峰，张爱滨. 化工设备安装与维修. 北京：化学工业出版社，2012.
[43] 乔德平，周忠凯，靳明程，等. 机泵维修钳工. 北京：石油工业出版社，2013.
[44] 何玉洁. 机械密封选用手册. 北京：机械工业出版社，2011.
[45] 李士军. 机械维护修理与安装. 2版. 北京：化学工业出版社，2010.

[46] 付平,常德功. 密封设计手册. 北京:化学工业出版社,2009.
[47] 刘杰,陈福亮. 机械设备维护与修理. 北京:北京交通大学出版社,2010.
[48] 傅伟. 化工用泵检修与维护. 北京:化学工业出版社,2016.
[49] GB 150—2011. 压力容器.
[50] GB 151—2014. 热交换器.
[51] 张麦秋,傅伟. 化工机械安装与修理. 北京:化学工业出版社,2010.
[52] 王灵果,姜凤华. 化工设备与维修. 北京:化学工业出版社,2013.
[53] 兰州石油机械研究所. 换热器. 2版. 北京:中国石油出版社,2013.
[54] 王勇. 换热器维修手册. 北京:化学工业出版社,2010.